これができれば
ノーベル賞

福岡工業大学工学部教授　木野 仁

彩図社

まえがき

ノーベル賞というと、どこか私達の生活には直接関係ないような印象を受ける。確かに一部は実際にそうかもしれない。しかし、青色発光ダイオードのように、多くの研究成果は多かれ少なかれ我々の生活に関係している。科学の進展をわかりやすい形で見せてくれているのがノーベル賞だと言える。

本書では、タイムマシンから地球外生命の発見まで、「これができたらノーベル賞受賞だろう」と思われる研究テーマについて、科学的に解説し、今後のノーベル賞受賞の可能性を考察していく。

しかし、ノーベル賞の対象となるテーマはその道の最先端である。なかなか詳細まで理解するのは難しい。そこで本書では読者の対象を、一般の社会人や高校生などをターゲットにし、できるだけ分かりやすく解説することにした。

筆者の専門分野はロボット工学、機械工学であり、分野としては物理学に近い。したがって、本書で取り扱うテーマも結果的にノーベル物理学賞が中心となった。

もちろん、ノーベル賞自体はそんなに甘いものではないし、そもそも筆者はノーベル賞をとったことがない。また、厳密性を多少犠牲にしているため、その分野の専門家が読めば文句を言いたくなるかもしれないが、あくまでも本書は娯楽書であることをご理解いただきたい。

本書を読んで、ノーベル賞受賞や最先端の研究に興味を持った方は、ぜひ専門書を読んで、内容の理解を深めていただきたい。

そして、若い読者が本書に刺激を受けて、研究の道を志して頂けたなら、筆者も嬉しい限りである。

未来のノーベル賞受賞者はあなたかもしれない。

もくじ

3章 【未知の命をいち早く発見せよ】 地球外生命体を発見する

4章 【夢の可能性を探る】タイムマシンで未来へ行く

5章 【最大の難関】タイムマシンで過去に戻る

6章 【知識と技術で人類を守る】地震を予知する

7章 【平和賞や文学賞も狙える？】人間なみのロボットをつくる

8章【莫大なエネルギーを生む】常温で核融合を実現する

9章【超省エネ時代が到来する？】常温で超伝導を実現する

10章 【ケタ違いの計算速度を持つ】量子コンピュータをつくる

1章

【受賞のための基礎知識】

ノーベル賞のもらいかた

★100年以上の歴史を持つ賞

●なんだかすごい賞

毎年、夏が過ぎると「今年のノーベル賞の候補は……」などと世間が騒がしくなり始め、秋頃になるとその結果がニュースで流れ、日本人が受賞していれば大騒ぎになる。

ノーベル賞が「なんだかすごい賞」であることは、多くの人は知っていると思う。だが、実際にはどのようなものなのだろうか?

ノーベル賞は、毎年人類のために大いに寄与した人物・団体に与えられるもので、科学者であり、発明家でも大実業家でもあったアルフレッド・ノーベルの莫大な遺産によって運営されている。学者などには、受賞は最大の名誉のひとつである。

では、ノーベルというのはどんな人物だったのか。小学校の時に伝記などを読んでご存じの読者も少なからずいると思うが、ここで念のため簡単におさらいしよう。

●ノーベルの遺言

ノーベルは1833年にスウェーデンに生まれ、33年後に爆薬のダイナマイトを発明した。

その使いやすさと爆発力はすさまじく、当時の技術では不可能だった破壊が容易に可能となったことで、土木建築分野に革命を起こし、文字通り爆発的に売れることになった。

しかも当時は帝国主義の時代である。弱い国は強い国に攻められ、植民地にされたり滅ぼされたりする時代である。ダイナマイトは、戦場では強力な兵器となった。この結果、ノーベルは巨万の富を築いたのである。

そんなある日、ノーベルの兄が急死する。すると当時の新聞は、ノーベル本人と兄の死を取り違え、大々的に「死の商人、死す」と発表したのである。

これは単に新聞社の間違いだったのだが、「死の商人」と言われたノーベルはたいへんなショックを受けたという。

その後、ノーベルは世界平和の実現と人類の繁栄について悩み、死の直前に遺言を残した。それは、以下のようなものであった。

「自分が所有する資産を安全に運用し、それによって得られた利益を賞金として、前年に人類に最大の功績のあった人物に与えよ。人物の人種などは問わない」

その後、ノーベルは1896年に死去する。そして、彼の遺産とノーベル賞を管理するノーベル財団が設立され、遺言は実行に移されたのだ。

第1回の受賞者は1901年に決まった。授賞式は、毎年ノーベルの命日である12月10日に行われている。

★各部門の特徴

●部門は5つ

さて、一口にノーベル賞と言っても、ご存知のように複数の分野が存在する。物理学賞、化学賞、生理学・医学賞、文学賞、平和賞の5つである。

この5賞をあえて理系・文系に分けると、理系は物理学賞、化学賞、生理学・医学賞の3つ、文系は文学賞、平和賞の2つと分けることができる。

ノーベル自身が科学者であったことを考えると、理系の3つの部門の存在は理解できる。さらに、平和賞についても「人類に最大の功績のあった人物に賞を与える」という、晩年のノーベルの意思を考えれば、十分に理解できる。

しかし、文学賞というのは若干趣向が異なる。確かに文学は人類の心を豊かにするものではあるが、ノーベル賞のひとつとして存在するのは少し違和感がある。

じつはこの文学賞の存在には、ノーベル自身の若い頃の夢が関係している。ノーベルは若い頃、文学にたいへん興味があり、文学者になりたかったようである。このノーベルの若い頃の夢が、文学賞の存在に関係していると考えられる。

なお、ノーベル経済学賞はノーベル賞と兄弟のような関係ではあるが、厳密には区別される。

●各部門の特徴

ここで各部門の特徴を簡単に述べておく。なお、日本人受賞者数は2015年9月時点でのものである。

【物理学賞】

物理分野においてもっとも重要な発見をした人物に与えられる。代表的な受賞者は、アインシュタイン博士（1921年）などである。日本人では湯川秀樹博士（1949年）など、合計10人が受賞している（国籍を日本から変更した人を含む）。

本書で扱うのは、主にこの部門である。

【化学賞】

化学分野においてもっとも重要な発見などをした人物に与えられる。代表的な受賞者は、キュリー夫人（1911年）など。日本人では田中耕一博士（2002年）をはじめ7人が授賞している。

【生理学・医学賞】

生理学および医学の分野において、もっとも重要な発見などをした人物に与えられる。代表的な受賞者は、イワン・パブロフ博士（1904年）など。日本人では利根川進博士

（１９８７年）と山中伸弥博士（２０１２年）の２名が受賞している。

【文学賞】

人類にとって、科学だけでなく文学も重要であるとして、１つの作品にではなく、作家の活動全体に対して贈られる賞である。代表的な受賞者は、『ニルスの不思議な旅』で知られるセルマ・ラーゲルレーヴ女史（１９０９年）など。日本人では川端康成氏と大江健三郎氏の２名が受賞している。

【平和賞】

ノーベル賞の中でも、この賞のみが、過去の実績だけでなく今後の活動への期待をこめられて授与される。赤十字国際委員会、国境なき医師団など、団体としての授賞も多い。有名な受賞者はアメリカのオバマ大統領（２００９年）など。日本人の受賞者は佐藤栄作氏（１９７４年）のみである。

受賞者の中には、キュリー夫人のように夫婦で受賞したケースや、複数回受賞した人、親子２代にわたって受賞したケースもある。また、赤十字国際委員会のように、組織・

団体が受賞することもある。

なお、人物については、基本的に生きている人しか対象にならない。この点には注意が必要である。

ノーベル賞受賞の功績は長年の研究によるもので、特に自然科学分野の場合は、結果を出し始めて数十年たってから受賞に至るものがほとんどである。そのため、受賞候補者には高齢者も多い。

ノーベル賞に値するような大きな業績をあげ、受賞候補に選ばれたとしても、審査中に死去すると受賞資格を失ってしまうのである。このために、惜しくも受賞を逃した人物も多い。※1

また、自然科学系の各分野には、受賞の法則がいくつかあると噂されている。

例えば、生理学・医学賞の場合には、事前に特定の有名な研究賞を受賞しているとノーベル賞受賞につながりやすいという。

具体的には、生理学・医学におけるガードナー国際賞やアルバート・ラスカー医学研究賞などがある。実際、この分野でノーベル賞を受賞した利根川進・山中伸弥両博士はともに、ノーベル賞に先んじてガードナー、ラスカーの2賞を受賞している。

そして、本書で主に取り扱う物理学賞について言えば、大きく物性[※2]、素粒子[※3]、宇宙の3つの分野に分けられ、連続して同じ分野から受賞者が出ないようなある種のサイクルがあると言われる。

そうなると、自分の研究しているテーマがちょうどその年に対象となるテーマと合致するかどうかは重要である。この流れに乗れないと受賞が数年遅れることもある。流れに乗れるか乗れないかという運も大きく作用する。

もうひとつ、ノーベル賞受賞者には、個人の品格（人格）も要求される。軍事関係の研究を積極的に行っていたり、差別発言をしている研究者などは、受賞候補から外されるという噂もある。

原子爆弾を発明したオッペンハイマー博士などは、業績としては申し分ないが、ノーベル賞を受賞することなく逝去している。

したがって、スポーツで言われるところの『心・技・体（精神・技術・体格）』のように、ノーベル賞受賞のためには、業績のみならず運と品格も重要なのだ。

★選定は厳密に、賞金は豪勢に

●選定の方法

受賞者の選定は、物理学賞と化学賞に関してはスウェーデン王立科学アカデミーが、生理学・医学賞に関してはスウェーデンにあるカロリンスカ医科大学が、文学賞はスウェーデンアカデミーが、平和賞はノルウェー・ノーベル委員会が行う。

物理学賞と化学賞の場合は、世界各国の著名な学者などが推薦人として存在しており、この推薦人が候補者を推薦し、本部がそれを吟味した上で、最終的に受賞者を決定する。なお、必ずしも推薦者が多ければ有利になるということでもないらしい。これは政治的な影響をできるだけ排除して、公平に受賞者を選定するためであると言われる。つまり、コネが効かない環境をつくる努力をしていると考えられる。

また、自然科学系の3分野については、基礎研究に重きを置く傾向があり、工業製品の小型化などの応用工学はあまり評価されない傾向にある。

あの発明王トーマス・エジソンはノーベル賞を受賞していないが、理由のひとつとして、この点が挙げられている。

本書では7章でロボットを取り上げているが、工業製品としてのロボットによる受賞の可能性は低いため、ロボットの平和利用という観点で可能性を探っている。

●賞金は高額

ノーベル賞は、受賞自体がたいへんな名誉であるが、じつは賞金の額も大きい。

賞金はその年のノーベル財団の運用損益によって決まるために、金利の影響や為替の影響を強く受ける。したがって、賞金も年によって増減するが、近年は比較的安定した運用益を出すことができており、賞金額も安定しているようだ。

例として2001年～2011年の場合を紹介すると、日本円で約1億2000万円となる。けっこうな高額である。

ちなみに、各部門の賞は最大で3名まで受賞できるが、複数の受賞者がいる場合、賞金は人数割りとなる。

気になるのは、賞金に対する税率だ。

賞金が一時所得とみなされた場合、日本の場合は、最大で50％程度の所得税がかかる可能性がある。もしこれが適用されれば、せっかく苦労して研究成果を出して、1億2000万円の賞金をゲットできたとしても、手元に残るのは6000万円となってしまう。これでは、第一線の研究者達のやる気も削がれてしまう。

しかし、安心してほしい。幸いにして日本では、所得税法第9条によってノーベル賞の賞金は税率0％なので、税金を払う必要はない。

★受賞のために必要なもの

●受賞をめざそう！

本章では、簡単ではあったがノーベル賞にまつわる話をまとめてみた。興味をもった読者は、各分野の他の良書を参考にしていただきたい。

ここまでの記述を踏まえると、ノーベル賞受賞を狙う読者にとっては、以下の4点を重視することが受賞の近道となるであろう。

・人類の発展に貢献する実績をあげる
・長生きを心がける
・受賞分野のサイクルにうまく乗れるよう運気をあげる
・ノーベル賞というビッグな賞の受賞者としての品格をもつ

では、いよいよ次章から、「これができればノーベル賞」と思われる具体的な項目について説明していこう。

【注釈】

1・ただし、完全に受賞が決定し、授賞式までに死去した場合には、死後でも受賞できる。

2・物性物理とは、主に物質の性質などを研究する分野である。例えば、第9章で紹介する常温超伝導がこの分野である。

3・素粒子については第2章で書いているので、そちらを参照のこと。

2章

宇宙の謎を解き明かす

【この世界は一体何なのか？】

【受賞期待度】★★★★★

★宇宙はノーベル賞ネタの宝庫

●受賞者続出の分野

我々が住む宇宙はなぜ存在するのか?

どのような経緯で発生し、将来どのように変化していくのか?

——人類の興味は尽きない。宇宙の謎を解き明かすのは、壮大な歴史の研究をしているのと同じである。

過去には、この宇宙の謎と関連する発見をした人物が非常に多くノーベル物理学賞を受賞している。

例えば、ビッグバンの証拠を初めて観測したペンジアス博士とウィルソン(1978年)、星の構造と進化を研究したチャンドラセカール博士(1983年)などである。日本人でもカミオカンデという装置を使い、ニュートリノを検出した小柴昌俊博士が受賞している(2002年)。

また、後述するように、宇宙の創世と素粒子の研究は切っても切り離せない関係にあり、素粒子分野のノーベル物理学賞受賞者も非常に多い。有名なところでは、２００８年に南部陽一郎博士、小林誠博士、益川敏英博士の３人が受賞したのが記憶に新しい。

このように、素粒子関連も含めた宇宙の謎は、ノーベル賞受賞のタネの宝庫といっても過言ではない。

本章では宇宙の謎として、素粒子や反物質、ダークマター・ダークエネルギー、宇宙の創世などについて語っていきたいと思う。

★素粒子がわかれば宇宙がわかる

●素粒子って何だ？

はじめに、素粒子について見てみよう。

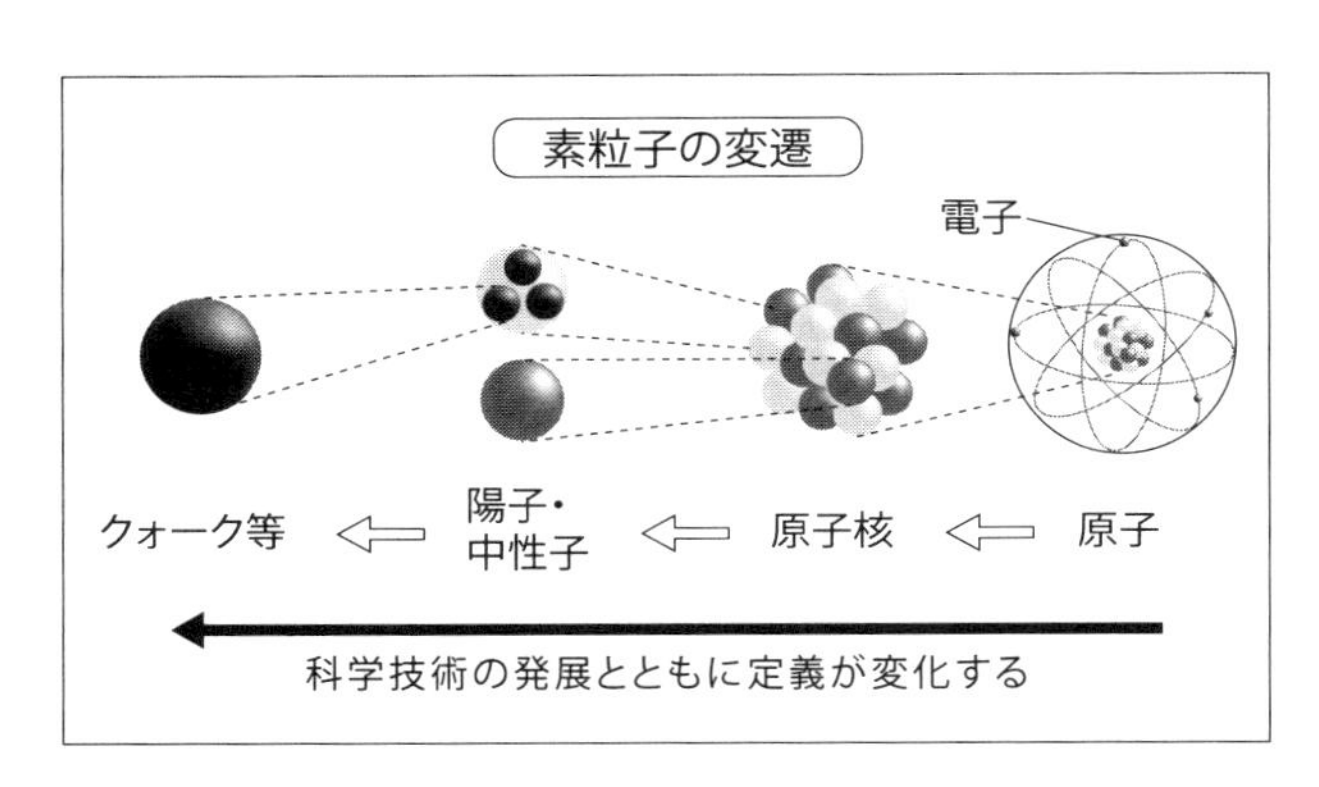

素粒子とはいったい何か？

聞き覚えのある読者が多いと思うが、念のためにおさらいしておこう。

素粒子とは物質を構成する最小の単位である。

この、〝物質の最小単位〟というのは時代とともに変化している。

昔は、素粒子といえば原子であった。水素原子や酸素原子などである。原子はその物質の性質を持つ最小粒子であった。

しかし、1900年代の初頭までに、原子を構成する電子・陽子・中性子が発見されたことで、それらが素粒子となった。

その後、さらに、陽子・中性子を構成するより小さな素粒子であるクォーク等が発見された。※1

計測技術などの発展にともない、より小さな構成

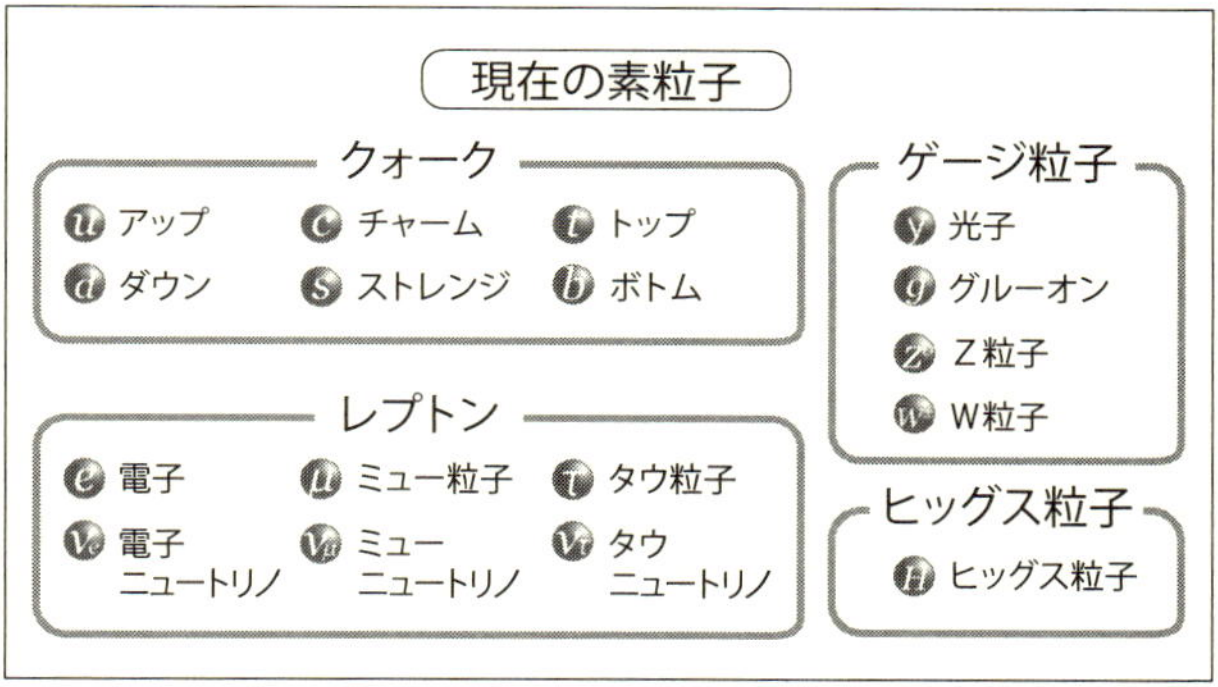

現在の素粒子

クォーク			ゲージ粒子
u アップ	c チャーム	t トップ	γ 光子
d ダウン	s ストレンジ	b ボトム	g グルーオン
			Z Z粒子
			W W粒子

レプトン			ヒッグス粒子
e 電子	μ ミュー粒子	τ タウ粒子	H ヒッグス粒子
ν_e 電子ニュートリノ	ν_μ ミューニュートリノ	ν_τ タウニュートリノ	

要素が発見（もしくは予測）されることで、素粒子は時代とともにどんどん小さくなってきたのである。

●研究はどこまで進んでいる？

現在、素粒子研究はどの程度まで進んでいるのだろうか？

今日ではクォーク、レプトンと呼ばれる種類、ゲージ粒子という種類、ヒッグス粒子が素粒子と呼ばれている。

近年よく耳にするヒッグス粒子は、物質が質量を持つことになったメカニズムを解くカギになると言われており、さまざまな実験によりその存在が確実視されている。

欧州原子核研究機構（ＣＥＲＮ）は、２０１２年

にヒッグス粒子と思われる粒子を発見したと発表しており、ヒッグス粒子の提唱者であるヒッグス博士が２０１３年、ノーベル物理学賞を受賞している。

なぜ素粒子の研究が宇宙に関係あるのかというと、素粒子を知ることは宇宙を構成する最小要素を知ることでもあり、さらには、後述するように、この最小要素がどのような性質を持つかを知ることは、宇宙の創世を知ることに直結するからである。

★宇宙と素粒子の関係

●高エネルギーを生む吸収と分離

ここで、宇宙の創世と素粒子の関係をもう少し詳しく考えてみよう。

一般に、自然界では物質は安定した状態で存在している。例えば、水や二酸化炭素などがそれである。

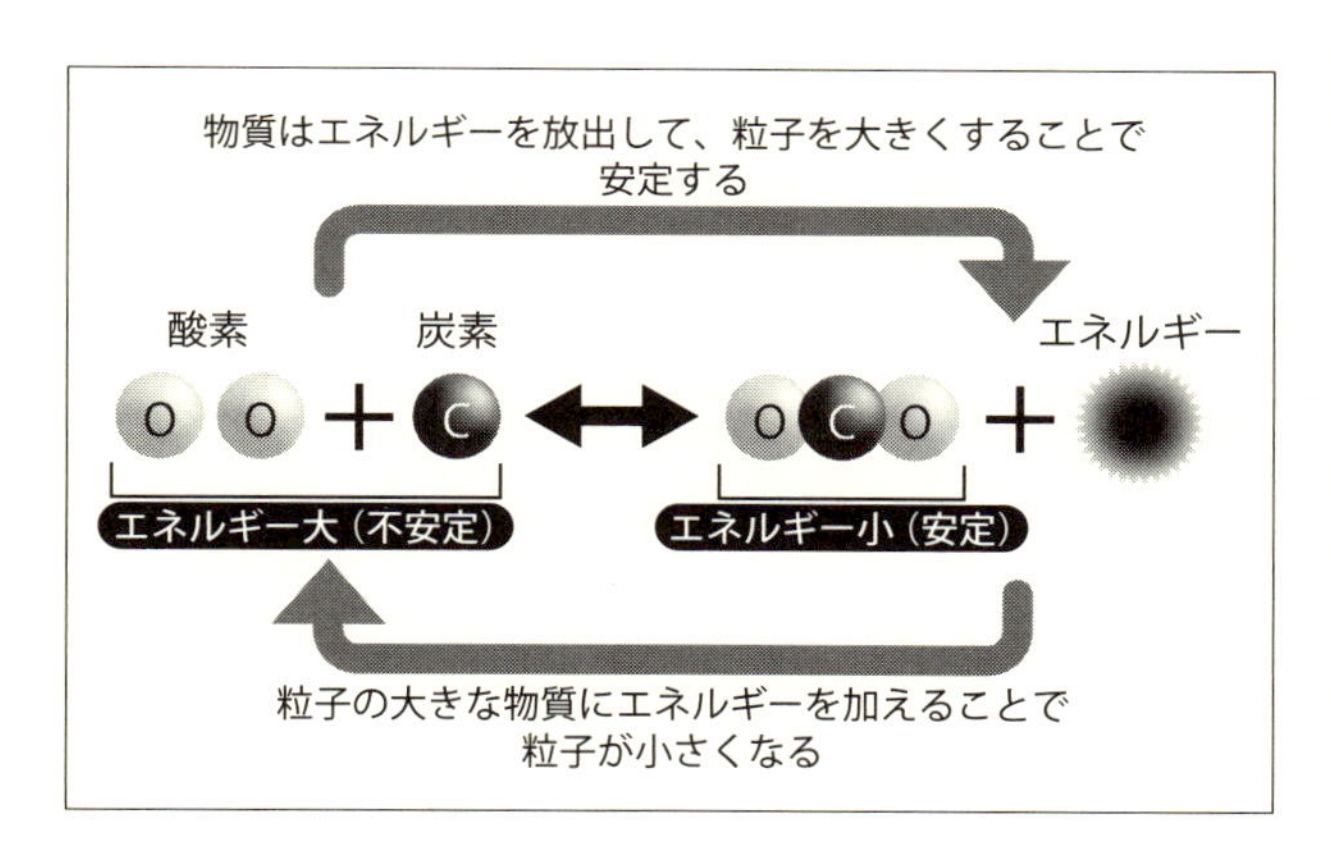

安定した状態というのは、自分自身の持つエネルギーが低くなっていることを意味する。

少し分かりにくいかもしれないので、思い切って、人間の性格に例えてみよう。

憧れの人と交際することになったら、その人と一緒にいる時はウキウキして些細なことで笑ったりして非常にテンションが上がるだろう。これがエネルギーの高い状態である。

一方、部屋で一人でいる時はテンションが低く、冷静なはずだ。これがエネルギーが低く、安定した状態である。

二酸化炭素の場合を考えてみよう。

二酸化炭素は酸素と炭素が化学反応を起こすことで生成される。しかし、酸素と炭素が個別に存在する時の方が、２つのエネルギーの和が

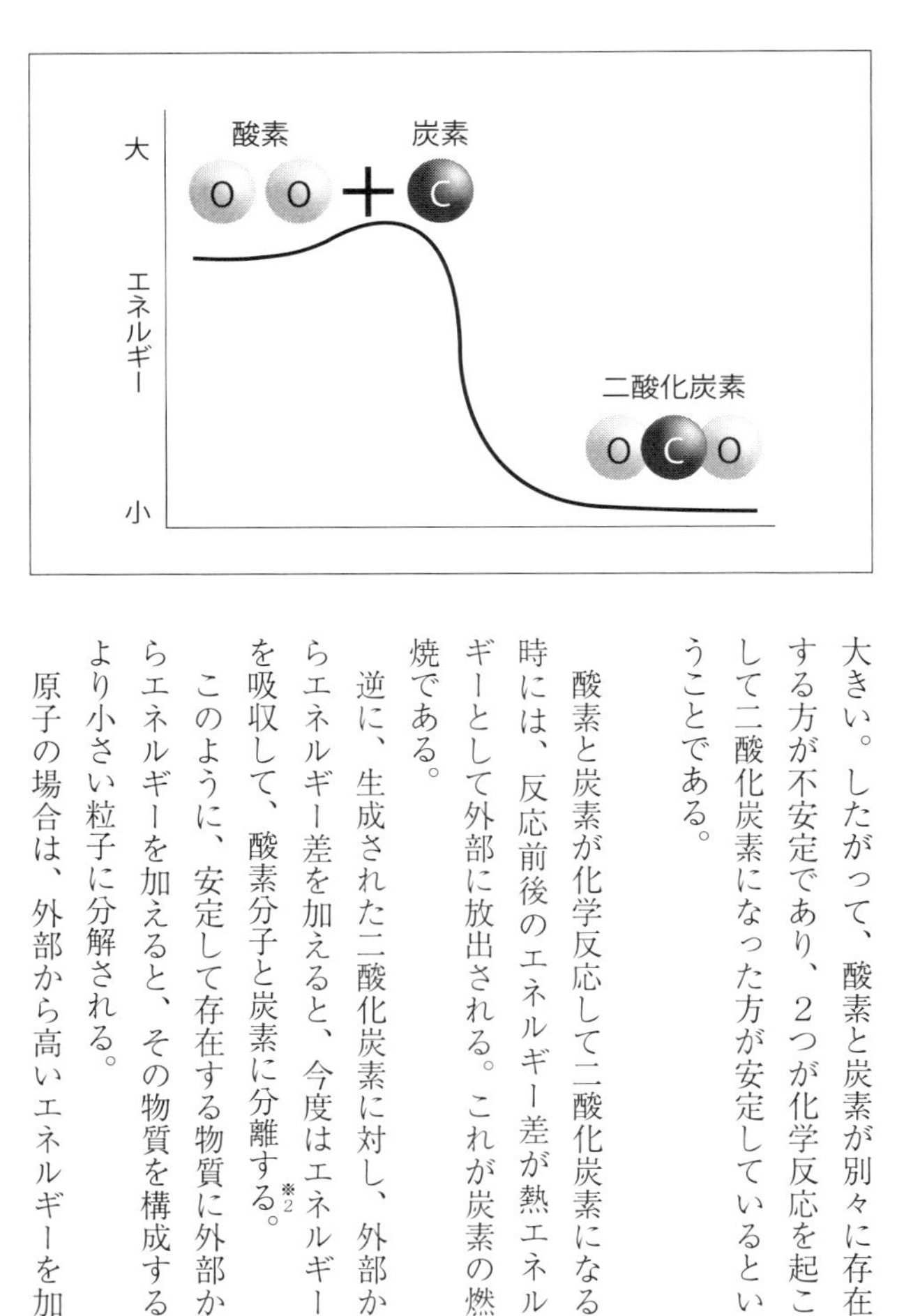

大きい。したがって、酸素と炭素が別々に存在する方が不安定であり、2つが化学反応を起こして二酸化炭素になった方が安定しているということである。

酸素と炭素が化学反応して二酸化炭素になる時には、反応前後のエネルギー差が熱エネルギーとして外部に放出される。これが炭素の燃焼である。

逆に、生成された二酸化炭素に対し、外部からエネルギー差を加えると、今度はエネルギーを吸収して、酸素分子と炭素に分離する[※2]。

このように、安定して存在する物質に外部からエネルギーを加えると、その物質を構成するより小さい粒子に分解される。

原子の場合は、外部から高いエネルギーを加

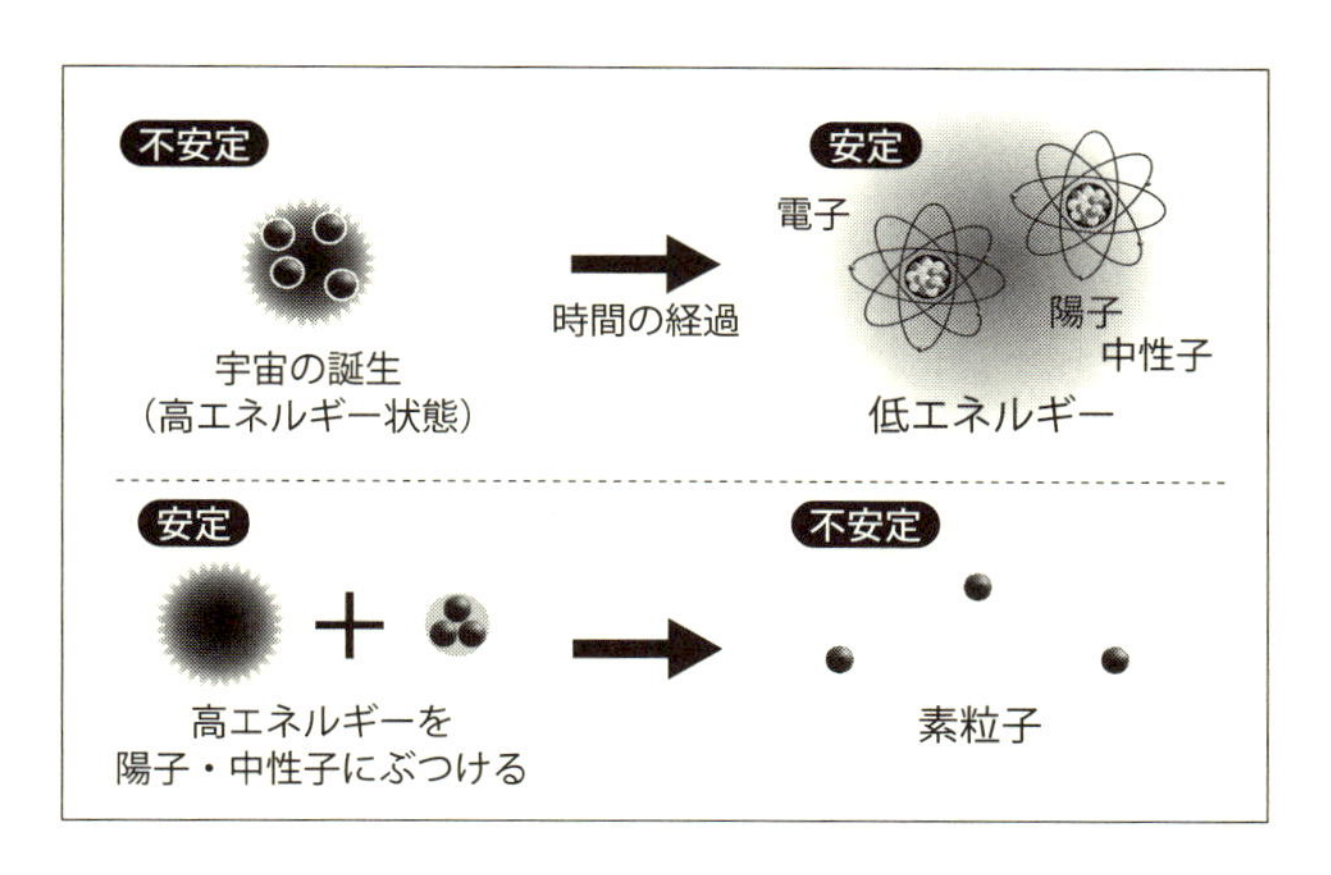

えると電子と原子核に分離する。この原子核に対し再び高いエネルギーを加えると、陽子と中性子に分離する。

そしてさらに、この陽子や中性子に高いエネルギーを加えることで、先ほど紹介したクォークなどの素粒子に分解される。

●ビッグバンの逆回し

このような、エネルギーを加えることで粒子が細かくなっていくプロセスは、じつは宇宙が始まって、その後、宇宙に原子が生成されていく過程を逆向きに再生しているのと等しい。

というのは、宇宙ができる過程では、宇宙の初期のエネルギーが高密度に集まった状態から一気に爆発しているからだ。

〝エネルギーが高密度に集まった状態〟というのは、簡単に言えば、不安定で細かい粒子、つまり素粒子が高温・高密度に集まった状態である。その状態からビッグバンで文字通り爆発的に空間が広がっていく課程で、素粒子が持つエネルギーが低下して、より安定的でより大きな粒子になっていく。

つまり、素粒子から陽子や中性子、そして原子が作られていったのである。

現在の素粒子の研究では、高エネルギー加速器などを用いて、人工的に作った大きなエネルギーを陽子や中性子などにぶつけ、粒子を細かくして素粒子にする。

これはまるで宇宙が創造された動画を逆向きに再生していることになるのである。

★力の統一をする

●この宇宙にある4つの力

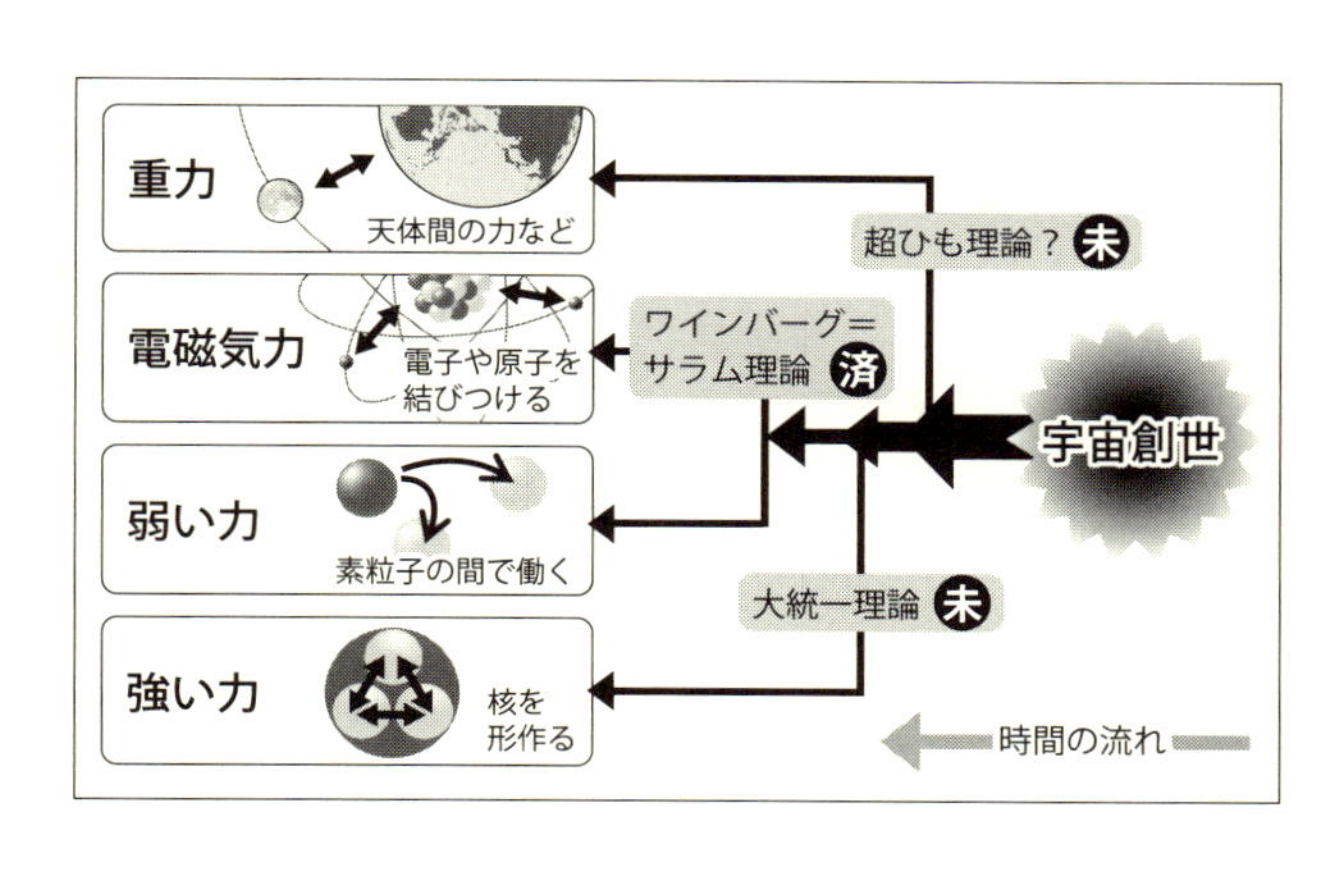

素粒子の研究を突き詰めていくと、「宇宙空間に働く電磁力や重力がなぜ発生するのか？」という疑問にも関連していく。

じつは、我々の住む宇宙に発生する力は４つの力に分類される。

重力と電磁気力、そして原子核の中で働いている「弱い力」と「強い力」である。このうち、弱い力と強い力は素粒子に直接影響を及ぼす力である。

種類の異なるこの４つの力に対し、「力をたったひとつの理論で説明できるのではないか？」というのが、力の統一理論である。

現在、重力を除く３つの力を統一する理論も現れており、近い将来、重力を含めた４つの力の統一理論が完成すると言われている。

●もとは1つの力だった

じつは、この力の統一理論も、宇宙創世ときわめて密接に関係している。現在では、この4つの力は宇宙誕生時にはもともと1つの力であり、宇宙誕生後に枝分かれしていったと考えられているからである。

事実、電磁気力・弱い力・強い力の3つは、宇宙の誕生時に近い超高温状態では同じふるまいをすることが分かっている。※3

宇宙創世後、1つだった力は、温度が冷えるなどの原因で、初めに重力とその他3つの力が分かれ、次に強い力が分岐、最後に弱い力と電磁気力が分かれて今の4つの力になったと考えられている。※4

力の統一理論では、初めに弱い力と電磁気力の統一理論が完成され、1979年には、この理論に貢献したグラショウ博士、ワインバーグ博士、サラム博士の3名がノーベル物理学賞を受賞している。

ちなみに、素粒子の発生や力の統一理論でもっとも重要な概念のひとつが「自発的対称性の破れ」であり、南部陽一郎博士はこれに貢献したことが評価され、２００８年にノーベル物理学賞を受賞した。今後もこれらの分野ではノーベル賞クラスの発見が期待されており、目が離せなくなっている。

★反物質を発見する

●反物質って何？

次に反物質の話をしよう。

反物質とは、通常の物質と性質が正反対の素粒子（反粒子）からできた物質である。反物質と通常の物質がぶつかると、大きなエネルギーを発して消滅する。これは質量がエネルギーに変換されるからである。

この反物質の存在は、以前から予言されている。

理論的には、通常の物質と反物質は、鏡に映った表裏のような存在であることから、

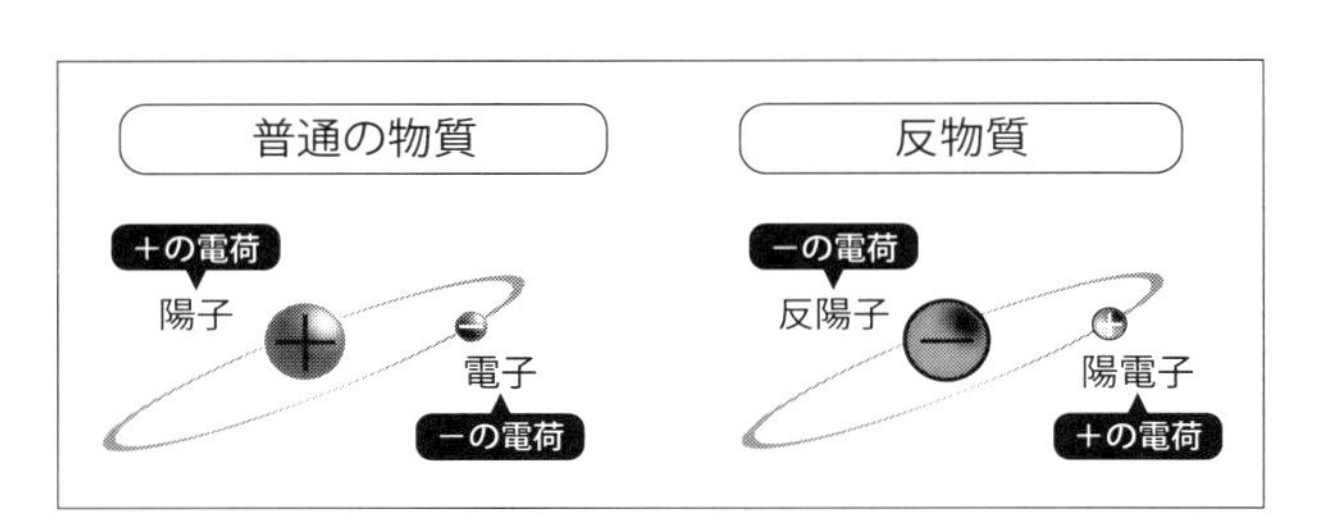

自然界に両方の数が同じくらい存在していてもおかしくないのである。

現時点では自然界には存在しないものの、加速器という装置を使うことで反粒子を作ることに成功している。

１９３６年にアンダーソン博士が電子の反粒子である陽電子の発見で、１９５９年にはセグレ教授とチェンバレン博士が陽子の反粒子である反陽子の発見でノーベル物理学賞を受賞している。

●今の世界はアンバランス

宇宙が始まった頃には、多くの反粒子が存在していたらしい。その後、粒子と反粒子がぶつかり合い、エネルギーを放出して消滅していった。

しかし、仮にそのようにして粒子と反粒子が消滅したとすると、双方とも同じ数だけ消滅するはずなので、現在の宇宙のように、通常の物質だけが残るというのはおかしい。

現在の宇宙では、自然な状態での反物質の存在は確認されておらず、通常の物質だけが存在している。いわば、非常にアンバランスな状態になっているのである。

なぜ現在の我々の宇宙が反物質の存在しない世界になったのかについては謎が多い。その理由を説明できる可能性のある理論は、すでにひとつ発表されている。それが2008年にノーベル物理学賞を受賞した小林誠博士・益川敏英博士の提唱した理論であった。しかしながら、まだ不明な点も多く、現在でも多くの学者が研究を進めている。

★ダークマターやダークエネルギーを解明する

●ダークマター

反物質の次はダークマターである。

ダークマターは別名を暗黒物質という。このようなキーワードはSFでよく耳にするものなので、架空のものと思っていた読者も多いであろう。

しかし意外にもこのダークマターは、世界の最先端科学者が真面目に論議している、ノーベル賞クラスのテーマなのである。

宇宙に無数に存在する恒星は銀河という集団をつくっている。

星の大量集団である銀河は、この宇宙に文字通り数えきれないほど存在する。そして、これらの銀河はまわりの他の銀河と集まって、群れをなしていることがある。おおむね100個以上の銀河の集まりを銀河群、それ以上の銀河集団を銀河団という。

X線などで銀河団を調べていくと、銀河団には多くの高温のガス(プラズマガス)が存在することが分かった。高温ガスの集まりの中に銀河団が浮かんでいるといった感じだ。

高温ガスは1000万度以上のものであり、ガスを構成する粒子は非常に速いスピードで運動している。

このような速い運動をしている粒子をある空間に留めておくには、非常に大きな重力が必要となる。しかしながら、銀河団の中に存在する全部の銀河の質量を足しても、そ問題という。

の空間に高温ガスを留めておくだけの重力は生じないことが分かった。これを質量欠損

１９３４年、ツビッキー博士は、銀河団の内部に存在する銀河の動きを観測して、個々の銀河がきわめて速いスピードで動いていることを知った。

例えば、地球は太陽の周りを時速約10万キロメートルという非常に速いスピードで公転している。地球と太陽の間に働く重力により地球は太陽に引き寄せられ、太陽の周りを回転することで、宇宙空間にはじき出されずに、一定の回転運動をしながら特定の空間に存在することができる。

もし地球の公転スピードが速ければ太陽の重力を振り払い太陽系を飛び出してしまうし、もし遅ければ、地球は太陽に落下してしまう可能性もある。

ツビッキー博士が調べた銀河のスピードはかなり速く、それぞれの銀河が銀河団を振り払ってバラバラに拡散させてしまうほどであった。しかし、実際には銀河は銀河団に留まっている。

この矛盾を解決するためには、銀河団の中に、それまでの想定よりも大きな重力を持つ物質を仮定する必要がある。この未知の物質をダークマター（暗黒物質）と呼ぶ。

また相対性理論により、光は重力によって進路を曲げられることが知られているが、銀河団を観測すると、光が重力で曲がった状態で観測される。これを重力レンズという。

この光の曲がり具合を逆算すると、光の経路にどのくらいの質量が存在するかが分かるのであるが、この重力レンズも、我々の知りえない未知の物質の存在、つまりダークマターの存在の間接的な証拠となっている。

しかし、このダークマターは間接的な証拠はあるものの、直接的な証拠は見つかっていない。本当に存在するのか？　仮に存在するとして、その正体は何であるのか？　――よく分かっていない。

現在、ダークマターの候補として考えられているのは、我々が知っている素粒子や未知の素粒子、小さなブラックホール（例えば原子核大の超微小ブラックホールなど）や観測できていない天体などだと考えられている。

いずれにせよ、ダークマターの正体は未だ明らかになっていない。この正体を明らかにできれば、ノーベル賞受賞の可能性は高い。

●ダークエネルギー

反物質とダークマターの次に、ダークエネルギー（暗黒エネルギー）の話もしておこう。ネーミングからしてすでになにやらＳＦを通り越して、もはやオカルト感すらある。

現在、宇宙は膨張している。この事実には間違いはない。

簡単に言えば、ビッグバンで大爆発が起こり、その爆発の勢いで宇宙が膨張していると考えられている。

しかし観測により、宇宙は単に膨張しているのではなく、加速膨張していることが分かってきた。膨張スピードが日に日に増しているのである。

じつはこの加速膨張は非常に大きな意味を持つ。

物質は力を加えられない限り、等速直線運動をする。そして、速度が変わるのは力が加えられた時である。したがって、星たちがビッグバンの影響を受けて、それぞれが広がる方向に同じスピードで膨張するなら問題ない。いや、むしろ宇宙空間には銀河やダークマターが存在するのだから、その重力で力を受けて膨張速度が弱まるはずである。※5

しかしながら、膨張加速を続けるのは一体どうしてか？

その答えのひとつが、我々の知らない反発力の存在である。この未知の反発力を生み出す宇宙のエネルギーがダークエネルギーである。

このエネルギーが一体何であるのかは、まだ分かっていない。近年の宇宙観測から、宇宙全体に存在する物質エネルギーのうち、[※6]我々の知っている物質の割合はなんと宇宙全体の4%程度にすぎないことが分かってきた。ではそれ以外の96%は何であるかというと、74%がダークエネルギー、22%がダークマターであると言われている。

この科学技術が進んだ現在でさえ、宇宙に存在する物質エネルギーの96%はどんなものかよく分かっていないというのは、驚きである。

★宇宙創世の謎をさぐる

●ビッグバンからインフレーションへ

最後に宇宙創世の話をしよう。

我々の宇宙はいつ、どのように起こったのだろうか？

「え？　宇宙の始まりはビッグバンでしょ？」と思う読者も多いかもしれない。

ビッグバン理論は、宇宙が膨張している事実をもとに、1940年代に物理学者ガモフ博士が提唱した理論である。

簡単に言えば、宇宙の初期段階では宇宙は高エネルギー・高密度の火の玉状態にあり、その後、爆発的に膨張し、温度が下がって現在の宇宙が形成されたというものである。

その後、アメリカのベル研究所のペンジアス博士とウィルソンによって、宇宙のあらゆる方向から観測される電磁波が、ビッグバン理論の裏づけとなった。

ちなみに、ペンジアス博士とウィルソンはこのビッグバン理論を証明する電磁波の観測により、1978年にノーベル物理学賞を受賞している。※7

ビッグバンという現象が起こって現在の宇宙が生成されたことは、完全に証明されたわけでないが、ほぼ間違いないようである。

しかし現代では、どうやらビッグバンが宇宙の始まりではなく、それ以前にも宇宙は存在したらしいという説が多くの科学者の中で支持されている。

ビッグバン理論の欠点のひとつは、現在の宇宙では、ある空間を切り出すとあらゆる場所で同じ温度・同じ密度であることだ。

ビッグバン理論に従えば、もっと空間にバラつきが生じてもいいのに、宇宙のどの場所でも同じ状態なのである。これを宇宙の地平線問題という。また、その他にも矛盾が存在している。

それらを解決する理論として考え出されたのが、インフレーション理論[※8]である。

インフレーション理論では、ビッグバン自体は否定しないが、それ以前から宇宙は存在し、ビッグバン以前のある時期に宇宙がインフレーション膨張と言われる急激な膨張を起こしたと考えられている。この膨張は光速を超えるような膨張である。

光速を超えることは、相対性理論からは無理と考えられるが、この場合は物質が光速を超えるのではなく、空間自体の存在が光速を超えるため、相対性理論と矛盾しない。

宇宙のインフレーションは、左図のように、非常に小さな宇宙が継続的に膨張したことを意味する。

この急激な膨張が、宇宙の誕生後10のマイナス34乗秒後までに起こり、その後ビッグバンが起こったと考えられる。

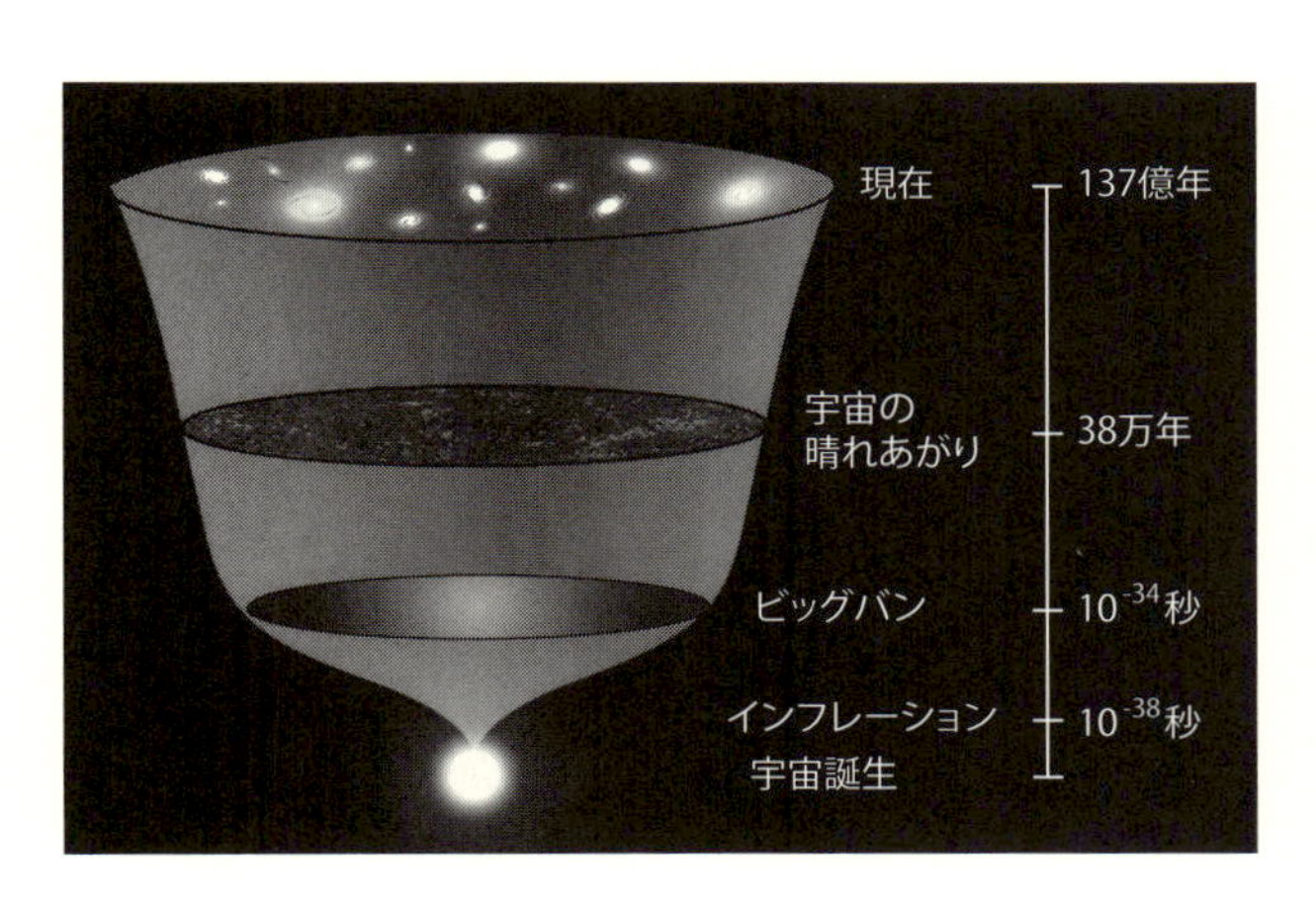

詳しい話は専門書に譲るが、ビッグバン以前にこのインフレーションを仮定することで、前述したビッグバン理論の問題点を解決できる。

●インフレーション理論も完璧ではない

このインフレーション理論は東京大学名誉教授の佐藤勝彦博士などによって提唱されたもので、佐藤博士は現在ノーベル物理学賞の候補の一人とも言われている。

しかし、いったい何がインフレーションを起こしているのかは、よくわかっていない。未知の素粒子（これをインフラトンという）の持つエネルギーが関係しているとも言われているが、まだ仮説の段階でしかない。インフレーション理論は、まだ完全に証明されたわけではないのである。

しかし、宇宙空間におけるわずかな電波の揺らぎが観測されるなど、インフレーション理論を裏付ける事実も発見されてきている。

ちなみに、この宇宙のわずかな電波の揺らぎを発見したスムート博士とマザー博士は2006年、ノーベル物理学賞を受賞している。

また、仮にビッグバンの前に宇宙がインフレーションを起こしたことが確実だとしても、宇宙の本当の始まりについては、まだ詳細が分かっていない。

宇宙の本当の始まりは何であるのか？　もしかしたら、宇宙には始まりも終わりもないのか？　――この神秘的な問題は、科学技術が発達した現在でも、まだ謎だらけなのである。

●謎の多い有望な分野

このように、宇宙に関する謎は、科学が発達すればするほど新しい疑問が生じ、イタチごっこの状態となっている。

しかし、本章で取り上げた素粒子、反物質、ダークマターやダークエネルギー、インフレーション理論の研究が進むことで、少しずつ宇宙の謎が解明されていくであろう。最初に説明したように、素粒子を含む宇宙の謎に関連したテーマでのノーベル賞授賞者はきわめて多く、今後もこの流れは変わらないであろう。

そういう意味では、宇宙の謎を解き明かすことは、間違いなくノーベル賞受賞の近道と言える。受賞実現度は間違いなく星5つだ。

宇宙の謎を解き明かす！

これができればノーベル賞!!

【注釈】

1・電子は今でも素粒子である。

2・厳密には活性化エネルギーと呼ばれるエネルギーの山を越える必要があり、その分の余分なエネルギーを加えなくてはならない。加えられた活性化エネルギーは結局、外部に放出されるので差引ゼロとなる。

3・温度で10の28乗Kという状態。

4・この分岐の時間は宇宙誕生後、1つめの分岐が10のマイナス44乗秒後、2つめが10のマイナス36乗秒後、3つ目が10のマイナス11乗秒後という、我々の感覚では一瞬の出来事である。

5・宇宙の中心についての論議は複雑なので、ここでは割愛する。

6・物質の存在自体もエネルギーの一種である。

7・ビッグバン理論を提唱したガモフはノーベル賞を受賞していない。

8・インフレーションという言葉は、経済学の分野でよく耳にするものである。よくニュースなどで使われる、景気に関する「インフレ」という言葉である。この場合のインフレとは簡単に言えば、物価の価値が継続的に上がることである。

3章

地球外生命体を発見する

【未知の命をいち早く発見せよ】

【受賞期待度】★★★☆

★そもそも「地球外生命体」とは何か

●宇宙に知的生命体は存在するのか

もし、地球外生命体を発見することができれば、人類の科学史上最大のニュースとなるであろう。

地球外生命体とは、地球外に存在する生命体のことである。誤解を恐れずに言えば、宇宙人や異星人くらいに思ってもらえればよい。

大事なのは、彼らが必ずしもSFのように我々人類より高い知能を持っていなくてもよいという点である。さらに言えば、知能そのものを持っていない原始的な生物でもよい。とにかく、地球の大気圏外で、地球を起源としない生命体そのものや存在の確実な証拠を発見することができれば、間違いなくノーベル賞候補になるだろう。

ここで一度、頭の中を白紙にし、読者の皆さんに質問を出そう。

「宇宙に高度な文明を持った知的生命体は存在するか？」

ある人は、「きっとこんなに広い宇宙だし、知的生命体はいる可能性が高いんじゃないか？」と肯定的な意見を持つだろう。そして、ある人は「ははは、そんなＳＦの夢物語みたいな生物が存在するわけないじゃないか。きっとＵＦＯもトリックさ！」などと否定的な意見を持つだろう。

では、質問に対する正解は何か？

『宇宙に知的生命体は確実に存在する』である。

存在確率は１００％である。なぜなら、我々は、宇宙に住む知的生命体を知っている。

そう、我々人類である。

おそらく、多くの偶然が重なって、宇宙の中の惑星のひとつである地球上で生命が進化することで、我々は知的な行動を手に入れた。我々は地球人であると同時に、宇宙人であるのだ。

なぜ、こんな質問をしたのかというと、地球外生命体を考える上で、地球上の生命体の存在は、ひとつの大きなサンプルとなるからである。

そもそも生命とは一体何であろうか？

●生命って何だ？

よく言われる生命の特徴[※1]としては以下のようなものがある。

・単体での生存期間が有限であり、子孫を残す。
・外環境との境界が存在し、エネルギーのやりとりがある。

これらの特徴を簡単に考察してみよう。

初めに子孫を残すことであるが、確かに我々が生命と考えるほとんどのものは、子孫を残す。しかし、最近はロボット技術の進化が凄まじい。さまざまな形状のパーツが容易に作成できる３Ｄプリンタなども、ロボット技術の応用による成果である。

近い将来、ロボットに高度なプログラミングを実装し、さらに体内に３Ｄプリンタを進化させたようなものを搭載すれば、ロボットが自分自身で、自分の子孫（コピー）を作成し、残していくことができるようになる可能性はきわめて高い。

また、生存期間についても、ロボットの材料が自然劣化することを考えれば有限である。

エコボットⅡは、有機物を分解した際に発生するエネルギーを電気にするシステムを持っている。

次に、境界とエネルギーのやりとりについて考えてみよう。

例えば人間は自分自身の身体を持つことで、周囲の環境と明確な境界を持つ。また、口から食べ物を摂取し、そのエネルギーを使用して活動する。

しかし、現在のロボットの中には、死んだハエや腐ったリンゴを食べて動くものも存在する。このロボットはイギリスで研究されている「エコボットⅡ」である。

近い将来、食虫植物のように他の生物を捕まえ、生物の死骸からメタンガスなどの利用可能なエネルギーを摂取し、そのエネルギーで活動するロボットもできるだろう。

このように考えると、単に境界の存在やエネルギーの授受だけでは、生命の特徴にはならないことが分かる。

ではＤＮＡではどうか？　これならロボットは持っていないはずである。

しかし、インフルエンザウイルスなどに代表されるウイルスの一部はＤＮＡを持っていない。[※2] ウイルスは自分自身では自己複製できず、他の生物を利用して自己複製する。しかも、代謝も行わない。

ウイルスには細胞が存在せず、タンパク質の外殻と内部の核酸で構成されるだけのシンプルな構造体であるため、じつは非生物とみなされる。なんとウイルスは一般に生物とは考えられていないのである。

このように考えれば、生命の特徴を決めるのはそれほど簡単な話ではないことが分かる。宇宙に存在するであろう、未知の地球外生命体となれば、なおさら難しい。

例えば、大きさが太陽系くらいあるガス状の生命なども存在するかもしれない。まるで宇宙空間を漂う、巨大なクラゲやアメーバのようなものである。[※3]

地球上とはまったく異なる生命システムが存在する可能性の方が高いのである。

★地球上の生命の起源

●スープ説

ここからは、地球上の生命の起源について語っていこう。

現在の有力な学説では、今から約45億年前に地球が誕生し、約40億年前に地球に海が形成され、同じ頃に原始的な地球生命が誕生したと考えられている。

その証拠として、約38億年前の最古の生命の化石（厳密には生命活動の痕跡）や34億年前のバクテリアといわれる化石も見つかっており、どうやら少なくとも34～38億年前には原始的な生命が誕生していたようである。そして、その後、生物は地球上のさまざまな環境に適応すべく進化していった。

生命の起源については完全には解明されていないが、なんらかの形で地球の海に原始的な生物が発生し、その後、主に海の中で生物が進化して複雑な生物ができていったという点はほぼ確実視されている。

しかし、地球上で一番最初の生命というものは、一体どのように発生したのであろうか？

ご存じのように、地球上の生物の主成分はタンパク質である。しかし、生命が存在しなかった地球には、そもそもタンパク質や生物由来の有機物が存在していない。

つまり、地球上で生命が発生するには２つのステップが必要となる。

・無機物からのタンパク質の生成
・タンパク質から生物への変化

従来の説では、原始地球で発生した原始的な海の中で、海底火山や落雷などの物理的影響が長年続く中、無機物からアミノ酸が生成され、さらにはタンパク質が合成されたとされている。

そして、長い年月と偶然・必然が重なって、子孫を残す機能を持つ原始的な生命が誕生したという。

これは、原始的な海をタンパク質で満たされたスープで例えたもので、「スープ説」と

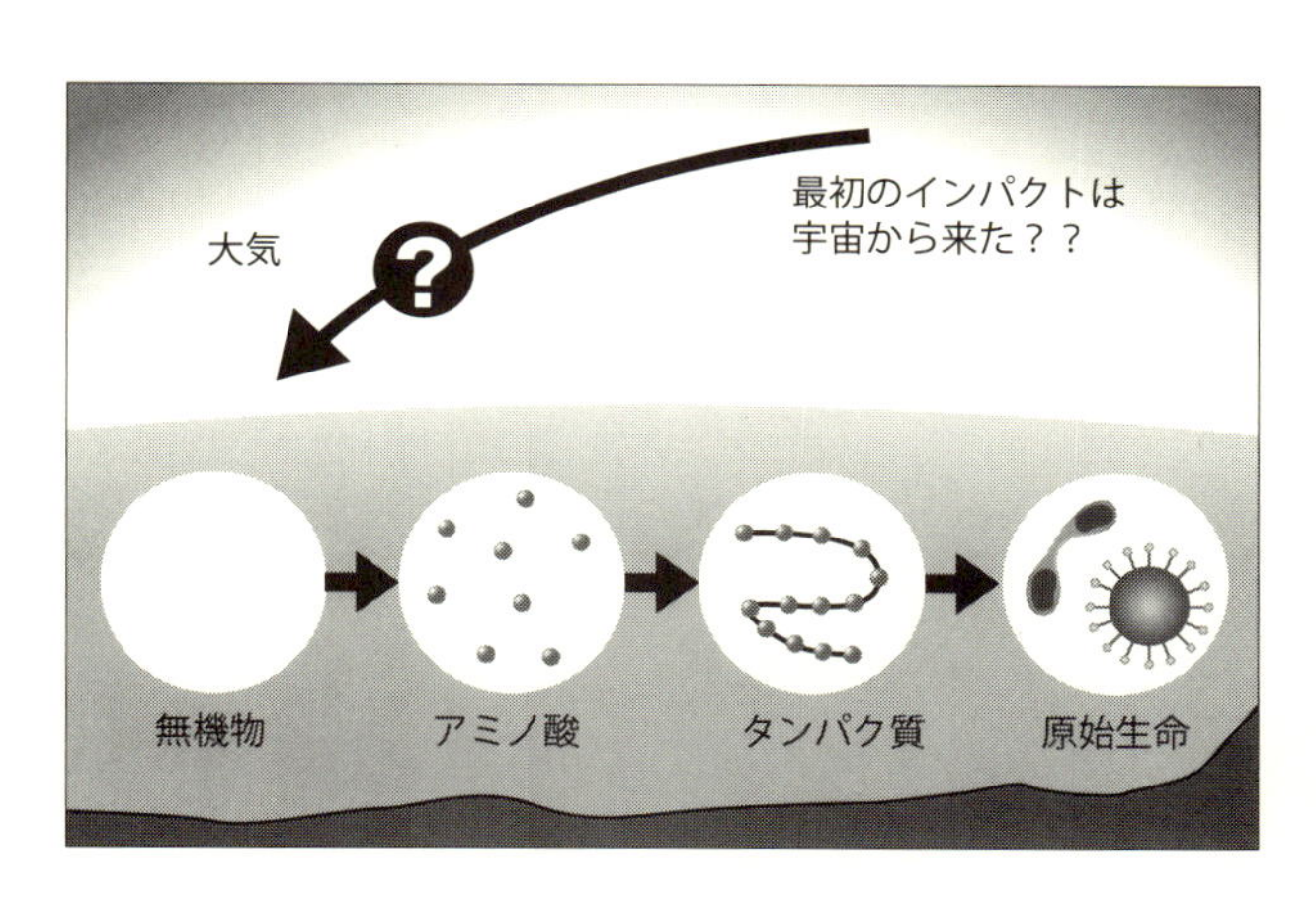

も言われる。しかしながら、このスープから実際にどのような過程を経てアミノ酸やタンパク質が生成され、生命となっていったのかという疑問については、今もよく分かっていない。

その他にも、いくつかの説が存在するが、それぞれに一長一短あり、どの説も明確に生命発生のメカニズムを説明できないのである。

●パンスペルミア仮説

そんな中、ひときわ異彩を放っている説がある。それが「パンスペルミア仮説」である。

パンスペルミア仮説は、地球外の天体で発生した生物細胞のもととなる芽胞（がほう）が、宇宙空間から地球に飛来してきたという考えを持つ。

簡単に言えば、先ほどのスープ説などでは説明できない点が多いため、「仕方がないので、地球の生物のもとは宇宙から来たことにしよう」という、何とも投げやり的な発想なのである。この仮説に従えば、地球上に存在する生物の種は決して珍しいものではなく、宇宙空間に広く広がっていることになる。

また、スープ説では地球の誕生（約45億年前）から生物誕生（約40～38億年前）までの期間が短すぎるという欠点があったが、生命の種が宇宙から飛来したとすれば、この点はクリアできる。

ただし、仮に生物のもとが宇宙から飛来してきたとしても、それが高等生物に進化する過程は最初に紹介したスープ説に従うものであるため、必ずしもスープ説を完全に否定しているわけでもない。

荒唐無稽とも言えるパンスペルミア仮説ではあるが、じつは近年、この仮説が仮説でなくなるような、有力な研究結果が続々と報告されている。

いくつかの例を紹介しよう。

・宇宙から飛来する隕石の多くや彗星から、アミノ酸やＤＮＡのもととなる有機物質が発見されている。
・大腸菌などの細菌に、地球の40万倍以上の重力をかけても生存していることが実験に

より確かめられた。これは隕石の落下に耐えられる可能性を示唆している。

・地球上に広く分布する体長０・１ミリ程度のクマムシは、宇宙空間の強力な紫外線や真空、高温（摂氏１５０度）、低温（摂氏マイナス２７２度）、高圧（３００気圧）などに耐える性質をもち、宇宙空間を飛来しながら生きながらえる能力を有する。

ＤＮＡの二重らせん構造を発見し、１９６２年にノーベル生理学・医学賞を受賞したイギリスの科学者クリック博士もこのパンスペルミア仮説を支持している。

このように地球生物の起源を宇宙に求めると、じつは地球生命の誕生はそれほど特別なものではなく、宇宙に多くの地球外生物が存在しても別段おかしくなくなる。

そうは言っても、「地球外生命の存在が特別なことでないなら、太陽系の惑星や衛星に地球外生命が存在してもいいのではないか？　知的生命体は無理にしても、原始的生命なら存在してもおかしくないじゃないか？」と思う読者もいるかもしれない。

すっ、鋭い……。

★生物が存在する可能性と調査のジレンマ

●火星には生命がいた？

確かに、火星などは、太陽系の天体の中では環境が比較的地球に近いことで有名である。太陽にも近く、太古には海があったことが確実視されている。

地球には、過去の火星の噴火による火星鉱物が隕石として落下した〝火星隕石〟が存在する。現在、ＮＡＳＡに所属するある研究者は、地球上に存在する火星隕石のうち、複数のサンプルから生物の痕跡があったとする論文を発表している。

問題なのは生物の「痕跡」という曖昧な言葉である。この痕跡については、本当に生物由来のものかどうかはまだまだ議論の余地が多く、今後の研究成果が待たれるところである。

●火星の衛星エウロパの生命

火星以外の太陽系の天体に目を向けても、じつは生命の存在しそうな天体がいくつか存在する。それが、土星の第2衛星エンケラドス、第6衛星タイタンや、木星の第2衛星エウロパなどである。

これらの衛星は、表面が厚い氷で覆われている。

従来の考えでは、木星付近のように太陽の光がほとんど届かない所では、生物は存在できないと考えられていた。

しかし、近年になって事情が変わってきている。

2013年、木星の衛星エウロパで、表面の氷の裂け目から水が噴出しているのが発見された。表面は氷であるが、その下では氷が溶けて海になっていると考えられている。

巨大な木星の強い重力によってエウロパが変形し、その摩擦力によって熱が生じるためである。この力はマグマ活動をも起こしていると考えられる。

そして、エウロパの海底には、熱水噴出孔（簡単に言えば海底にある温泉水の湧き出し口のようなもの）が存在すると考えられる。

このことは、エウロパに生命が存在する可能性を示唆している。というのは、じつは地球にも似たものがあるからだ。

●独自のサイクルで生きる地球の生物

地球では、ほとんどの生物は太陽からのエネルギーを基盤とした生態系に属している。具体的には、植物は太陽からの光エネルギーを使って二酸化炭素から酸素と炭水化物を合成し、植物はそれらをエネルギーとして体内に蓄える。そして、その植物を他の生物が食べ、食物連鎖が起きることで、間接的に他の生物も太陽のエネルギーを摂取して生命活動を行っていることになる。

しかし、１９７０年代にこれとは異なる独自のサイクルで生活している生物達がある場所で発見された。その場所とは、太陽の光がまったくと言ってよいほど届かない海底であった。
そこに生息する生物達は、海底の熱水噴出孔の周囲に寄生していた。彼らの食物は、噴出する硫化水素などからエネルギーを採取するバクテリアであった。
このような生物たちの生活サイクルには必ずしも太陽が必要なわけではない。[※4]
地球内の生命においても、必ずしも太陽の存在が絶対条件ではないことから、太陽から遠く離れた天体でも地球外生物の存在する可能性が大きくなったのである。

つまり、エウロパにも地球同様に、硫化水素などをエネルギー源として生息する生物がいてもおかしくないのである。
このような水の噴出は土星の衛星エンケラドスでも確認されており、エンケラドスにも生命が存在する可能性が高い。

●生命調査は危険

「生命存在の可能性が高いならば、直接その天体に行き、土壌や海水を採取して、地球外生物の存在を確かめればいいのではないか？」と思われる読者も多いと思う。

タイタンやエウロパは少し遠いが、火星は地球に近い。現在のロケットでも数ヶ月、次世代惑星間ロケットなら数週間で地球から火星まで行ける。そして、実際、詳細な生命調査を行う計画は存在する。

しかし、注意しなくてはならない点がある。

火星の土壌などを地球に持ち帰る際には、きわめて厳重に管理し、地球大気との接触を断たなくてはいけない。万が一にでも、土壌サンプル中に火星由来のウイルスや細菌などの生物が存在した場合、それが地球大気に触れ、大気圏内に拡散でもすれば大変なことになるからだ。

先ほどの火星隕石の場合は「痕跡」なので問題なかった。しかし、この場合は実際に生きている火星生物である。

地球の生物は進化の過程で長い年月をかけて、自分自身の体内に危険なウイルスや細菌の侵入から防御する方法を獲得してきた。クシャミや発熱、白血球などである。しかしこれらの防御機能も、あくまでも地球内生命体に対するものである。

火星からの未知なる生命が地球上でウイルスや細菌のごとくふるまった場合、パンデミックを起こし、人類のみならず地球上の生命を絶滅させる恐れもあるのである。※5

だから、調査も簡単でないし、仮に地球外生命を発見できたとしても、その後の取り扱いが難しい。調査も簡単にはいかないのである。

★太陽系外の惑星に生命が存在する可能性

●特別でなくなった地球型惑星

ここまでは太陽系内部の天体について話を進めてみたが、太陽系外にも目を向けてみよう。

宇宙には、地球外生命体が存在しそうな惑星や衛星がどのくらい存在するのだろうか？

都会の夜空は光害のため、あまり星が見えないが、田舎などに行き、天気のよい日に夜空を眺めると、驚くほど多くの星が存在するのが実感できる。

その星ひとつひとつの光が、太陽のような恒星や、恒星が無数に集まった銀河などである。

太陽は銀河系に存在するひとつの恒星であるが、銀河系には数千億個の恒星が存在していると言われる。さらに、宇宙にはこのような銀河が無数に存在する。地球から観測可能な銀河の数だけでも数千億個の銀河が存在すると考えられている。

当然ではあるが、宇宙全体ではもっとたくさんの銀河が存在し、一説によるとその数は約10兆個とも言われている。この数も、観測技術の進化により、まだまだ増える可能性がある。

一昔前までは、恒星の周りを回る惑星というものは、太陽系以外では発見されていなかったが、近年では観測技術が進歩し、太陽系外の惑星も多数発見されている。

その中には地球環境との類似性から、生命の存在する可能性の高い惑星もある。さそり座の方向22光年にあるグリーゼ667Ccや、こと座の方向1200光年にあるケプラー62などの惑星である。

これらの発見により、地球型惑星は必ずしも特別な存在ではなく、ごく普通のものであることが分かってきた。

●地球外生命体は近所にはいない？

いま、1つの恒星に10個の惑星が存在するとしよう。1つの銀河に2000億個の恒

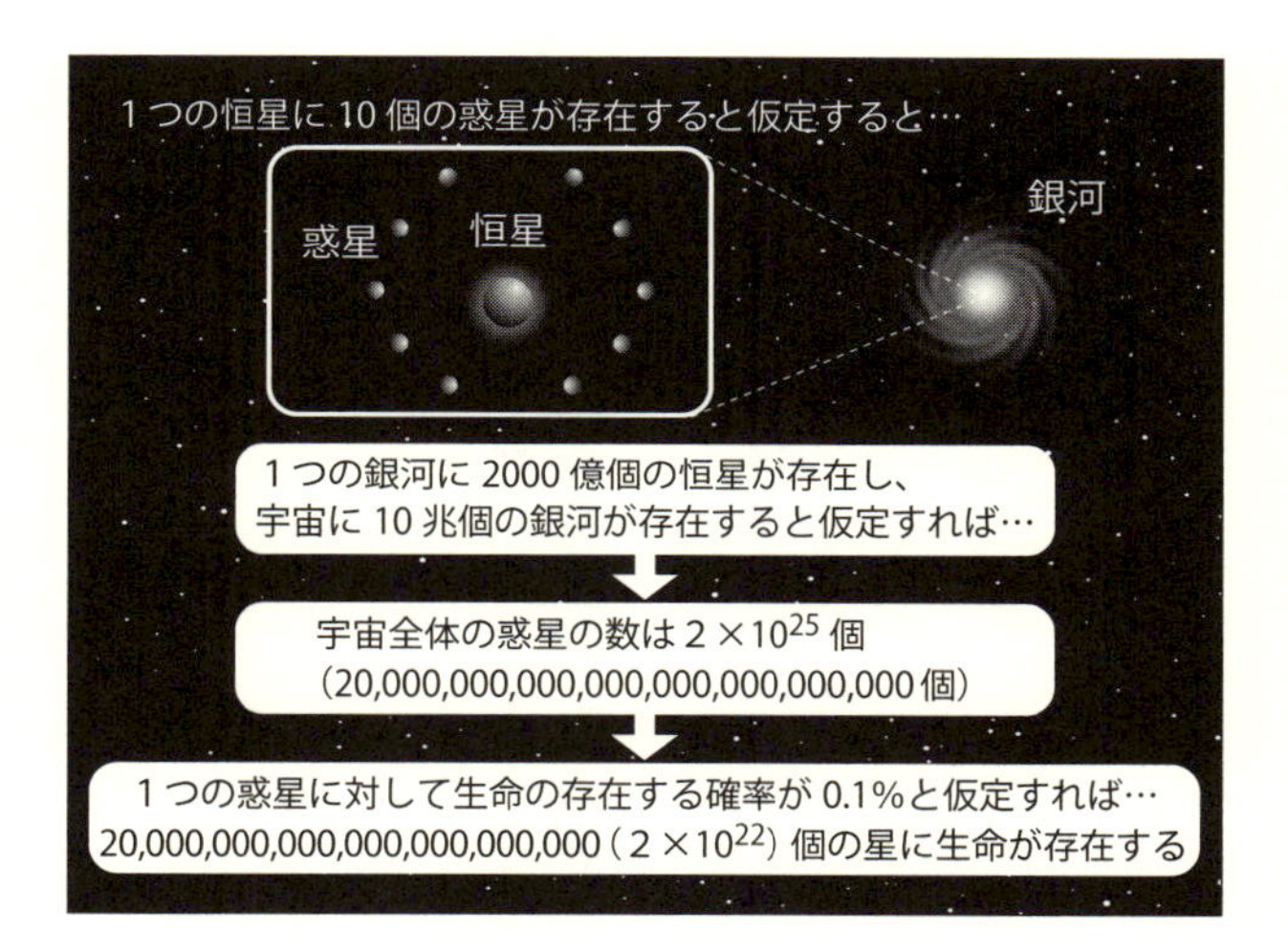

星が存在し、宇宙に10兆個の銀河が存在すると仮定すると、宇宙全体にある惑星の数は、２×10の25乗個となる。

あくまでも大雑把な仮定のもとでの数値であるが、宇宙にはこの程度の惑星が存在しそうである。

次に、科学的根拠は薄いが、１つの惑星に対して生命の存在する確率が０・１％と仮定したとすれば、２×10の22乗個の惑星に生命が存在することになる。この数にはタイタンやエウロパのような衛星はカウントしていないので、実際にはもっと多くなるかもしれない。

残念ながら、これらの生命が存在しそうな惑星は手軽に調査に行ける距離には存在しない。

実際に発見された惑星で、地球からかなり近い場所に存在するグリーゼ667Ccでさえ、22光年の距離である。光のスピードでも片道22年かかってしまう。

現在の科学ではこれらの星に直接行って調査することは不可能である。したがって、単に我々が知らないだけで、地球外生命体の存在は決して否定できないのである。

★ノーベル賞受賞者を悩ませたパラドックス

●みんな、どこにいるんだ？

ここまでは、地球外生命体について原始的な生命も含めて論議を進めてみた。

しかし、やはり知的生命体、少なくとも我々人類程度の高度な文明を持った異星人の存在はロマンである。

実際、宇宙にはどのくらいの知的生命体が存在するのであろうか？　そして、もし存在するならば、なぜ彼らは我々人類に公式にコンタクトしてこないのだろうか？

この疑問には、ノーベル賞受賞者も頭を悩ませた。

１９３８年に量子力学分野でノーベル物理学賞を受賞したフェルミ博士は、地球外知的生命（異星人）の存在は決して特別なことでないと考えていたが、一向に異星人が我々にコンタクトしてくる気配はない。

フェルミ博士は仲間と会食している時に、異星人に対して「みんな、どこにいるんだ？」と問いかけたという。

――このような問題をフェルミのパラドックスという。


このフェルミのパラドックスを発展させ、理論的な視点から考察したのがアメリカの天文学者ドレイク博士である。

彼は１９６１年、我々の銀河系にどれだけの地球外生命体が存在するのかを推定する手段として、次ページの図にある有名な方程式を提案した。これを「ドレイクの方程式」という。

ここでＮは銀河系の天体の中で、人類とコンタクトする可能性のある宇宙人文明の数であり、各パラメータは次ページの図で与えられる。

ドレイクの方程式

$$N = R \times fp \times ne \times fl \times fi \times fc \times L$$

- N：銀河系の天体の中で、人類とコンタクトする可能性のある宇宙人文明の数
- R：銀河系の中で1年間に誕生する恒星の数
- fp：ひとつの恒星が惑星系を持つ確率
- ne：ひとつの恒星系が持つ、生命の存在が可能となる惑星の平均数
- fl：生命の存在が可能となる惑星において、生命が実際に発生する確率
- fi：発生した生命が知的なレベルまで進化する確率
- fc：知的なレベルになった生命体が星間通信を行う確率
- L：知的生命体の技術文明の存続期間

ドレイク博士は、1961年の段階でそれなりに信頼性のあるパラメータ数値を考え、最終的にN＝10とした。

この数値は、この銀河系で人類は10個程度の異星人文明とコンタクトをとれる可能性を示している。

ただし、結果として、Nがいくつになるのかは、各パラメータを考察する人によって大きく異なるし、それらの本当に正しい値を人類は知ることはできないだろう。※6

ドレイク博士がこの式を提案する前までは、異星人とのコンタクトというとSFやオカルト色の強いものであったが、この理論的な方程式が提案されて以降、人々の意識は変わってきた。

世界には地球外知的生命体を調査する

プロジェクトが数多く存在するが、それらを総称して「ＳＥＴＩ（Search for Extra-Terrestrial Intelligence）」という。

ドレイクの方程式の発表以来、各国の政府はＳＥＴＩプロジェクトに対し、公的予算を組み出したという。それだけ、ドレイクの方程式の完成度が高かったということでもある。

●フェルミのパラドックスで考えられる3つのシナリオ

さて、フェルミのパラドックスに対し、実際の可能性には大きく分けて３つのシナリオがある。

ひとつめは、「我々の地球のように知的生命体が誕生したことは、銀河系の中ではきわめて稀であり、地球以外に知的生命体は存在しない」というシナリオである。これをレアアース説という。

次に、「我々が公式に認めていないだけで、すでに異星人は地球に来ており、細々とＵＦＯなどのように目撃例が存在する」というシナリオである。

これは、地球人より異星人の方がはるかに高度な文明を持っており、環境保護という観点から、あえて地球の文明に表立って干渉してこないのだという考えである。宇宙人から見たら、地球人を動物園の動物のように観察しているイメージである。これを動物園仮説という。

そして、第3は「高度な知能を持った宇宙人はこの銀河系に存在するが、やはり距離などの問題で、お互い直接的にコンタクトできていない」というシナリオである。※7

現在では、第3の考えが有力である。そこで、我々の方から未知の異性人にメッセージを送ったり、逆に異性人からのメッセージを受信しようとするＳＥＴＩ調査が行われている。

★異星人を発見してノーベル賞を受賞する

●地球外知的生命体の調査の歴史

我々の地球から異性人へのメッセージとしてよく知られているのが、1970年代に打ち上げられた無人惑星探査機ボイジャーに搭載された金属製レコードである。このレコードには、地球上のさまざまな音や音楽などが収録されている。

現在、ボイジャーは太陽系を離れつつあり、ひたすら暗黒の宇宙空間を航行している。いつか異星人がボイジャーを発見して、地球人からのメッセージを受け取ってくれるかもしれない。しかし、現実的に考えて、ボイジャーが異星人に発見される可能性は限りなくゼロに近いであろう。

なにせ、超巨大な宇宙空間である。例えるなら、ユーラシア大陸の西端と東端から1匹ずつ放たれたアリが出会うよりも可能性の低い話であろう。

一方で、異星人から送られてくる信号などを、地球上でキャッチするSETIもいくつか試みられている。

古くは1899年にニコラ・テスラが、1901年にはマルコーニが宇宙からの電波を観測し、異常な電波を受信したとの記録を残している。

本格的にSETIが行われるようになったのは、ドレイク博士によって1960年代に実施されたオズマ計画からで、その後、NASAをはじめ、多くの組織が宇宙からの信号を受信し、解析を行っている。

このようなＳＥＴＩ観測史上でもっとも有名なのが、「Ｗｏｗ！シグナル」の受信である。

１９７７年、アメリカ・オハイオ州立大学の電波望遠鏡「ビッグ・イヤー」において、遠方の宇宙から来た強い電波が観測された。

この電波は人工的なものを強く示唆しており、観測者の電波天文学者ジェリー・エーマンは興奮して、データ記録用紙の余白に「Ｗｏｗ！」と赤ペンで記入した。これがＷｏｗ！シグナルと呼ばれるものである。

ただし、このＷｏｗ！シグナルが本当に異性人からの電波であったのか、正体は未だ不明である。

現在は単に電波だけでなく、赤外線やレーザー光によるＳＥＴＩなども行われている。日本でも鳴沢真也博士などのチームがＳＥＴＩを行っている。

●ノーベル賞への具体的な近道

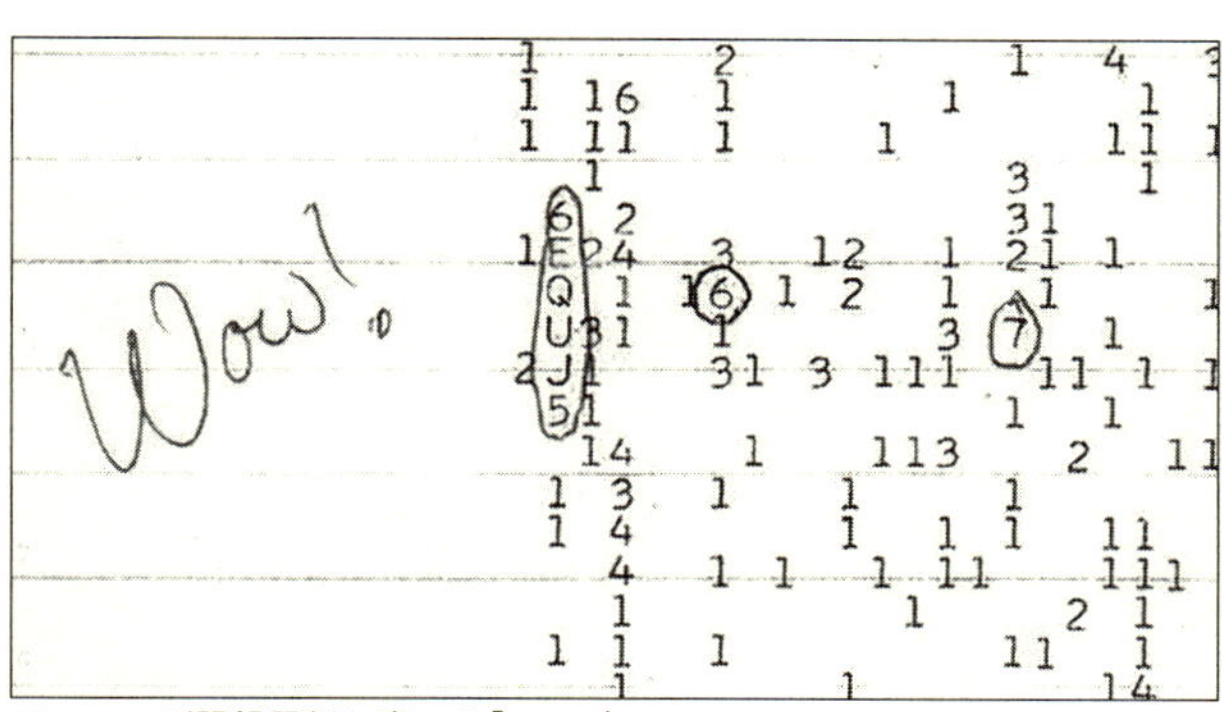

イーマンが記録用紙に書いた「Wow!」。

もし、SETIで異星人との交信が本当にできたのなら、ノーベル賞候補となるであろう。ドレイク博士がそれまで健在ならば、同時受賞となる可能性が高い。

もしくは、知的生命体でなくとも、火星やエウロパなどから地球外生命の実物や確実な化石などが発見されれば、それもノーベル賞候補になるだろう。

分野としては物理学賞や生理学・医学賞が妥当と思われる。受賞実現度としては星3・5くらいであろうか。

もちろん、読者にもノーベル賞受賞の可能性は十分に残されている。

では、異星人などを発見して、ノーベル賞をとりたい読者は、今後どのように行動したらよいだろうか?

若い読者にとって、もっとも標準的なコースは、世界的に著名な専門家に師事することである。

本書で紹介した地球外生命の存在などを研究する分野は、近年アストロバイオロジーと呼ばれている。この研究には天文学や微生物学、分子進化学などの幅広い研究者達が集まってきており、実際、日本にも多くの研究者が存在する。

このようなアストロバイオロジーを専門とする研究室で勉強したうえで、例えばNASAなどのSETIを行っている組織に就職するのがよいであろう。運が良ければSETIプロジェクトに参加できるかもしれない。

また、一般市民がSETIへ貢献できる方法としてもっとも身近なのは、「SETI@home」への参加である。

このプロジェクトは、天文台の観測データを、インターネット上の参加者のパソコンを利用して分散的に解析を行うものである。ネットにつながるパソコンを持っていれば誰でも参加できる。

ただし、仮にこのプロジェクトにより異星人が発見されたとしても、参加者個人のノーベル賞受賞には繋がらないだろう。

そこで、経済的に余裕のある読者にお勧めしたいのが、自分自身でSETIを始めることである。自分で天文研究所をつくり、宇宙から地球に来る電波などを観測するのである。

お金はかかるが、とにかく最初に異星人からのメッセージを科学的に認められる形でキャッチし、公表すればよいのだ。

●ファーストコンタクトしたもの勝ち

しかし、もっと手っ取り早い方法がある。今から大学入学やNASAの就職を目指すには少々歳を取りすぎた人や、天文研究所を立ち上げるお金がない人たちにお勧めしたい方法だ。

もし、仮に異星人が高度な文明を持っているとすれば、すでに彼らが地球に調査に来ている可能性は、まったくゼロではない。

これはフェルミのパラドックスでいう第2のシナリオだ。このシナリオが前提ではあるが、ようは異星人と公式にファーストコンタクトすればよいのである。

方法は問わない。とにかく異星人を捕獲して、その個体を研究機関にでも公式に調査依頼すれば、あなたが発見したことになる。

異星人の存在を１００％否定することは理論的には不可能だが、逆にたった１人の異星人を発見すればその存在を証明することが可能なのだ。

では、どのようにコンタクトするのか？

ここはチャネリングをお勧めしたい。

あなた自身、宇宙に向かって毎日祈るのである。「異星人さん、出ておいで、私はあなたの友達ですよ」と。

過去には、チャネリングで宇宙人と交信したという非公式記録も存在する。チャネリングなら必要なのは防寒具くらいで、あとは身体ひとつで大丈夫だ。運が良ければ、良心的な異星人があなたの念に応じて、自宅近くに遊びに来てくれるかもしれない。

ただ、異星人がいる証拠が写真や動画などだけでは、ＣＧによる偽造を疑われるだけだ。第三者の誰もに異星人の存在を認めさせるためには、やはり捕獲しかないであろう。

もっとも、仮に異星人に遭遇し捕獲を試みても、逆にあなたが捕獲されてしまう可能性があるので、そこは十分な注意が必要である。ぜひ、頑張ってもらいたい。

そして、もしファーストコンタクトした人が、彼らと平和的な友好関係を築けたならば、ノーベル平和賞も夢ではない。

地球外生命体の発見！
これができればノーベル賞!!

【注釈】

1・ここでは生物の学問上の定義ではなく、あくまでも特徴である。

2・ただし、DNAのないウイルスでもRNAという、DNAに似たものは持っている。

3・地球全体をひとつの生命体とみなすガイア仮説なども存在する。

4・深海の熱水噴出孔の発見と周囲の生物群の発見は1970年代以降であるが、光合成サイクルによらない、化学合成独立栄養細菌は1970年代以前から知られていた。

5・この逆のパターン、例えば地球上から探査機によって火星に微生物などが持ち込まれ、火星が汚染される危険も問題視されている。

6・特にLの値は研究者により大きく異なるためである。この文明の継続期間については、例えば地球の場合、原始生命が誕生して現在まで約30億年程度の期間があるが、人類が他の天体と交信できる技術を持ってからわずか数十年しか経っていない。

7・細かく言えば、その他にも「今はコンタクトしていないが、過去にはしていた」などのシナリオがある。

4章

【夢の可能性を探る】

タイムマシンで未来へ行く

【受賞期待度】★

★夢のタイムトラベル

●タイムマシンの発明に思いを馳せる

人には誰でも、一度くらいは自分の人生に後悔する出来事がある。私など週に一度くらいは人生に後悔している。それが小さな事柄か大きな事柄かの違いはあるかもしれないが……。そして、多くの人が思うのである。「時間を戻して、あの時に戻ることができたらなぁ」と。

例えば、「友達と喧嘩になってしまった。あの時、あんな事を言わなければ……」という些細なことから、最愛の人を事故で亡くしてしまったなら、「時間を戻して、事故を防げるのに……」というような事までさまざまである。

そして、一方で思うのである「未来に行けたらなぁ……」と。

競馬など一部のギャンブルでは、もし未来に行き、当たりのデータを調べ、再び現在に帰ることができれば、一攫千金をモノにできる。また、今日では不治の病でも、未来に行けば治療可能になっているかもしれない。

いわゆるタイムマシンが開発されて、タイムトラベルが可能となれば、こんな夢物語が実現する。まさに夢のマシンである。

我々庶民からすると、ノーベル賞というからには、あっと驚くような派手な発明や発見が期待されるのも事実なのだ！

そこで本章では、もっとも夢のある発明として、タイムマシンをとりあげ、ノーベル賞受賞の可能性について語っていこうと思う。

●未来に行くのと過去に行くのはまったく違う

タイムマシンといえばSFの定番ツールであり、今まで、多くのSF作品でタイムトラベルを題材にした多くの物語が作られている。

私は団塊ジュニア世代で、40歳を過ぎた中年オヤジであるが、私のような世代が真っ先に思い浮かべるのは『バック・トゥ・ザ・フューチャー』『時をかける少女』などである。

私もタイムトラベルして、「時をかけるオヤジ」として運命の美女たちと出会い、ラベンダーを探しに胸をキュンキュンさせたいものだ。

しかし、はたしてタイムマシンのようなモノが実現可能なのであろうか？　今の科学では、どの程度タイムマシンに必要な技術開発が進んでいるのであろうか？

タイムマシンの機能を大きく分ければ、「未来に行く」と「過去に行く」であろう。じつはこの2つは、似ているようで、実現する手法も難易度も大きく異なる。

未来に行くのはじつはそれほど難しくはない。タイムトラベルできる時間の長さに目をつぶれば、未来に行く理論と技術はある程度確立されている。

問題は、現在の技術ではタイムトラベルできる時間が非常に短く、「トラベル」というほどには遠い未来には行けないことである。

一方、過去に行くことは、現在の科学理論では非常に困難である。ただ、困難といっても完全に道が閉ざされているわけではなく、現時点でいくつかの手法についての仮説は存在する。

多くの場合は「未来へ行く」と「過去に行く」はセットになっているが、それぞれ必要な理論や技術がまったく異なるため、本書では別々の章で説明する。

★ウラシマ効果を利用して未来に行く

●ウラシマ効果を利用する

まずは、難易度の低い、タイムマシンで未来に行くことについて話を進めよう。未来に行くための技術はいくつか考えられるが、もっとも有名なのは、「ウラシマ効果」を利用する方法である。

ウラシマ効果については読者の方も一度くらいは聞いたことがあるかもしれない。文字通り、日本の有名なおとぎ話「浦島太郎」に由来する。

浦島太郎の話は、日本書紀や万葉集などにも登場する古い話であり、いくつかのバージョンが存在する。

もっとも広く知れわたっているバージョンを簡単に説明すると、以下の通りである。

浜辺でいじめられていた亀を助けた浦島太郎は、お礼に海中の竜宮城に連れて行かれる。竜宮城ではたいへん豪華な接待を受け、お土産に玉手箱をもらう。

地上に帰った浦島太郎が玉手箱を開けると中から煙が出てきて、浦島太郎は一瞬で白髪の老人となってしまう。

竜宮城では数日を過ごしただけなのに、地上では何十年も時間が過ぎていた。

タイムマシンに関連するウラシマ効果は、この浦島太郎が竜宮城で過ごしたのはわずかな時間なのに、地上では非常に長い時間が経過していたという現象と酷似する。

時間と空間の関係を解明したことで有名なのが、1921年にノーベル物理学賞を受賞したアインシュタイン博士である。おそらく、ノーベル賞を受賞した中でもっとも有名な人物の一人だろう。

彼は相対性理論の中で、以下のことを明らかにしている。

すべての物質は光より速く移動することはできない。

物質は光速に近づくと、質量が増加し、時間の流れが遅くなる。

この現象を利用したのが、ウラシマ効果である。

例えば近い将来、非常に高速で移動できるロケットが開発できたとする。ロケットを

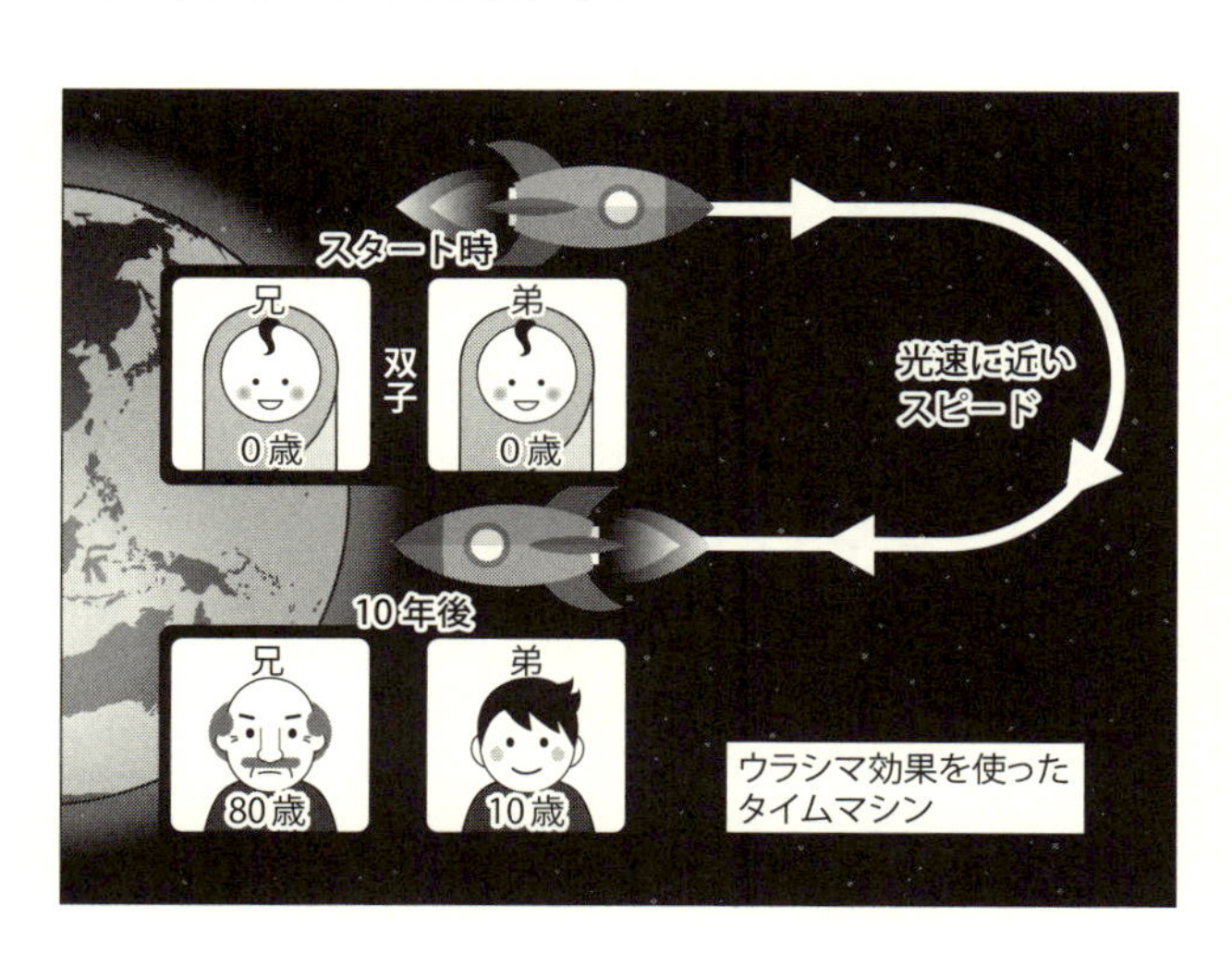

光速に近いスピードでかっ飛ばし、地球に戻ってくると、浦島太郎よろしく、自分にとっては数年間の宇宙旅行だったのに、地球では数十年の月日が流れているというものである。

この話を理解するには、双子の例え話にすると分かりやすい。

地球上に双子が生まれたとする。生まれたばかりの双子の兄を地球上に残して、弟をロケットに乗せ、光速に近いスピードまで速度を上げ、10年間の宇宙空間を航行する。

その後、弟が地球に戻り、兄弟が再会する。するとロケットに乗っていた弟は10歳になっているのに対し、地球に残っていた兄は80歳になっているといった具合である。まさに浦島太郎状態なのだ。

10歳になった弟にしてみれば、普通に10年間を過ごしたにも関わらず、ロケットを降りれば70年後の未来にタイムトラベルしたことになる。

これは、宇宙空間でのロケットの航行速度が光のスピードに近づいたため、ロケットに乗り込んだ弟の時間が、地球上にいる兄の時間に比べてゆっくり流れるからである。

このように、ウラシマ効果を利用すれば、未来へのタイムトラベルが可能となる。

ただし、この方法では時間の流れが一方向に限られるので、未来の世界には行けるが、過去には戻れない。

★強い重力を利用して未来に行く

●巨大な星を圧縮する

未来に行く方法はなにもウラシマ効果を利用したものだけではない。

次に紹介するのは別のもうひとつの方法だ。この方法では重力場を使う。

アインシュタインの相対性理論は、時間と空間の関係についてさまざまな関係を明らかにしている。

相対性理論によると、重力は空間を歪ませ、時間の進み方を遅らせることが分かっている。このため、強い重力場の存在する巨大な星の付近などでは、重力の影響がほとんどない空間に比べ、時間がゆっくり進むことが知られている。

先ほど説明したウラシマ効果と同じであるが、ウラシマ効果が光速に近づくと時間が遅れるのに対し、この方法では、静止した状態でも重力の影響さえ受けていれば、時間の経過が遅くなるのである。※1

具体的なものとして、『時間旅行者のための基礎知識』（J・リチャード・ゴット著・草思社）の方法を紹介しよう。

この方法では、木星と同じ重さの星を、なんらかの方法で直径6メートル程度まで圧縮した球殻を作ったとする。球殻というのは、卵の殻のように、中が空洞の球体である。

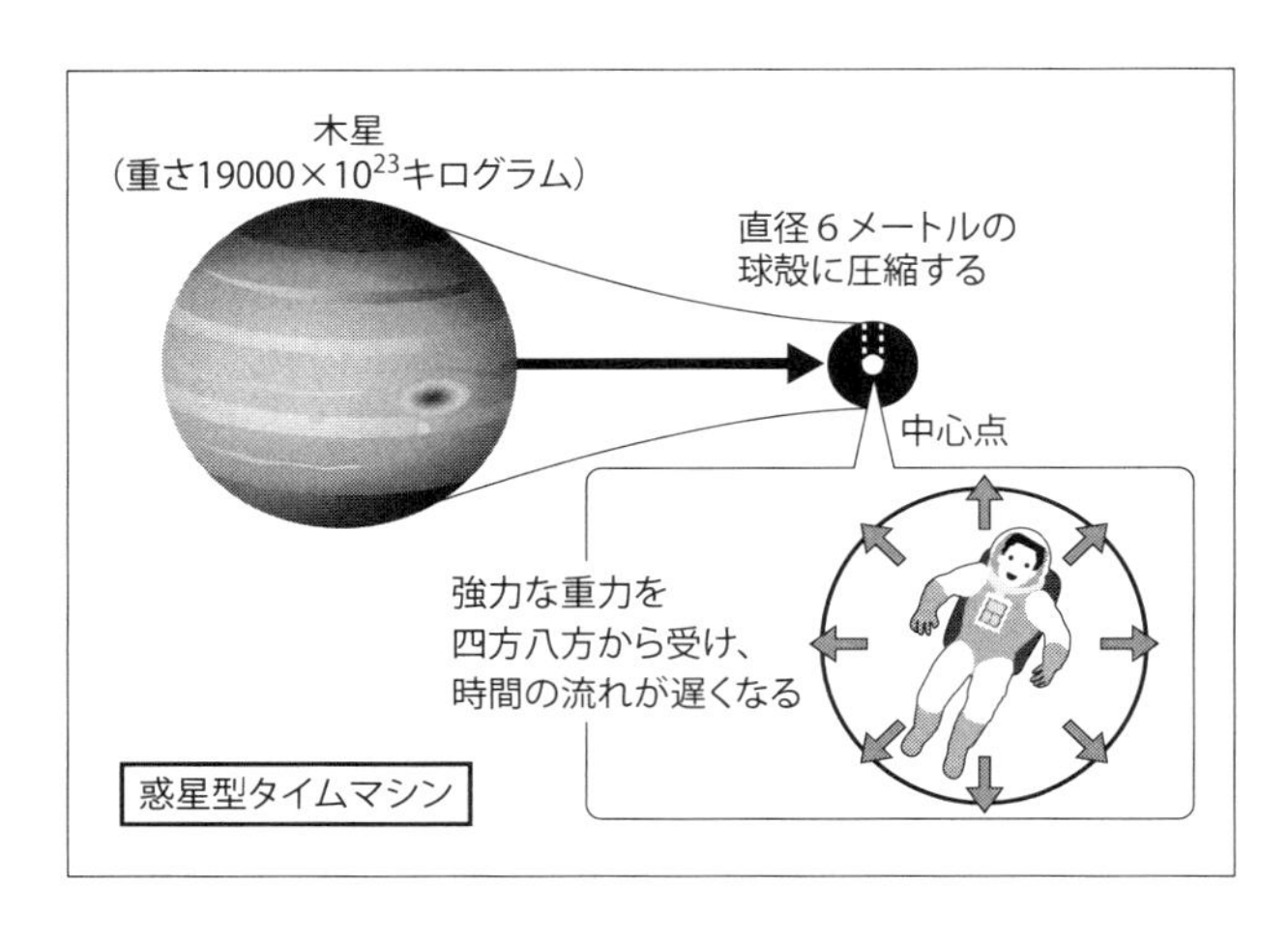

そもそも、「木星と同じ重さの星をどのように直径約６メートルまで圧縮するか？」という大きな問題はあるのだが、ここはあくまでも例え話のひとつとして、詳細な方法論については目をつぶろう。

あえて圧縮法をひとつ考えるならば、大きな恒星は水素などの内部のエネルギーを使いつくし、燃え尽きた後、爆発し収縮する。

その際、重たい恒星は自分自身の重力が強くなりすぎ、光さえも脱出できないブラックホールになる。

このとき、何らかの方法で、ブラックホールになる前くらいに安定させ、収縮をストップさせる。さらにその状態で、その星の中に空洞を作れたとしよう。そして、球殻にはロケットなどが通過できる程度の穴が開いており、球殻の外側と内側へは相互に往来が可能とする。

いま、人間がロケットに乗り込み、この球殻の内部に移動したとする。内部の中心点では四方八方から強い重力を受けるが、それが全体で釣り合うため、中心点で静止することが可能となる。

そしてこの中心点では、四方八方から強い重力を受けるため、相対性理論により時間の流れが遅くなる。

そこで、タイムトラベルしたい人がこの中心点で過ごし、一定の時間、強い重力を受ける。その後、この星から離れると、強い重力を受けていた期間は自分自身の時間の進み方が遅れる一方、周りの時間は進んでいるために、相対的には未来に行けることになる。

木星ほどの大きさの星を直径約6メートルまで圧縮した球殻の場合、中心に留まれば最大で5倍程度、時間の進み方に違いが生じるという。10年間、球殻内で生活し、球殻外に戻れば、50年後の未来にいけるのである。

ただし、球殻の内部から外に戻るためには、強い重力に逆らうために、非常に大きなエネルギーが必要になるなどの問題が残る。

●アインシュタインが生きていたら

このようなタイムマシンが実際にできるかどうかは別として、アインシュタインの発表した相対性理論で2種類の異なるタイプのタイムマシンができるかもしれないというのだから、やはり彼は天才なのであろう。ノーベル賞を受賞できたのもうなずける。

しかし、意外に知られていないことではあるが、アインシュタインが1921年にノーベル物理学賞を受賞したのは、「光量子の解明」、つまり光粒子（光子）の解析が評価されたからで、相対性理論で受賞したわけではない。

その理由はいくつかあり、当時は彼の発表した相対性理論がノーベルの遺言にあった「人類に大きな貢献をもたらす」という点で疑問があったからとも、相対性理論のスケールが大きすぎて当時は実験によって証明できなかったからとも言われている。

アインシュタインは1955年に死去している。歴史に「もし」はないと言うが、もし、アインシュタインが未来に行けるタイムマシンが発明されるまで生きていたとすれば、もう一度ノーベル賞を受賞するのも可能だったかもしれない。

★じつは身近にあるタイムスリップ

●勝手にタイムスリップする人工衛星

じつはこのような相対性理論にもとづく「時間の遅れ」は、我々の生活に密接に関係している。

その代表例が、カーナビなどに使われるGPSシステムである。

GPSシステムは地球上空を周回する人工衛星の情報を利用している。地球上の観測点、カーナビで言えば自動車が存在する位置は、観測点と人工衛星との距離を求めて計算している。

人工衛星は、秒速約8キロメートルという非常に速いスピードで地球の周りを回り、地球（観測点）に向かって電波を発している。

電波は光の一種であり、※2 光と同じスピードで伝わる。あるタイミングで人工衛星から発せられた電波は、光のスピードで観測点まで伝わるが、移動する時間分だけ、観測点への到達が遅れる。

観測点と人工衛星との距離は、「電波速度（光速）」と「電波の到達時間」から求められる。電波の到達時間は、人工衛星に搭載された時計の発信時刻と観測点の時計の受信時刻の差から求められる。

そのため、地球上の観測点の時計の時間と人工衛星内の時計の時間を同期※3しておかなくてはならない。

しかし、人工衛星と地球上では、以下の2つの理由から、それぞれ時間の流れのスピードが異なる。

・人工衛星は地球上空を高速周回しているために、ウラシマ効果により、地球上の観測点に比べて時間が遅く進む

・衛星は地球上空約2万キロメートルにあるが、上空の重力は地上に比べて低い。したがって、重力を強く受けている地上の観測点の方が時間の進み方が遅くなり、相対的に人工衛星の時間の進み方の方が速くなる

これらの差し引きの結果として、人工衛星の時間の進みは地球上の時間に対し、1日

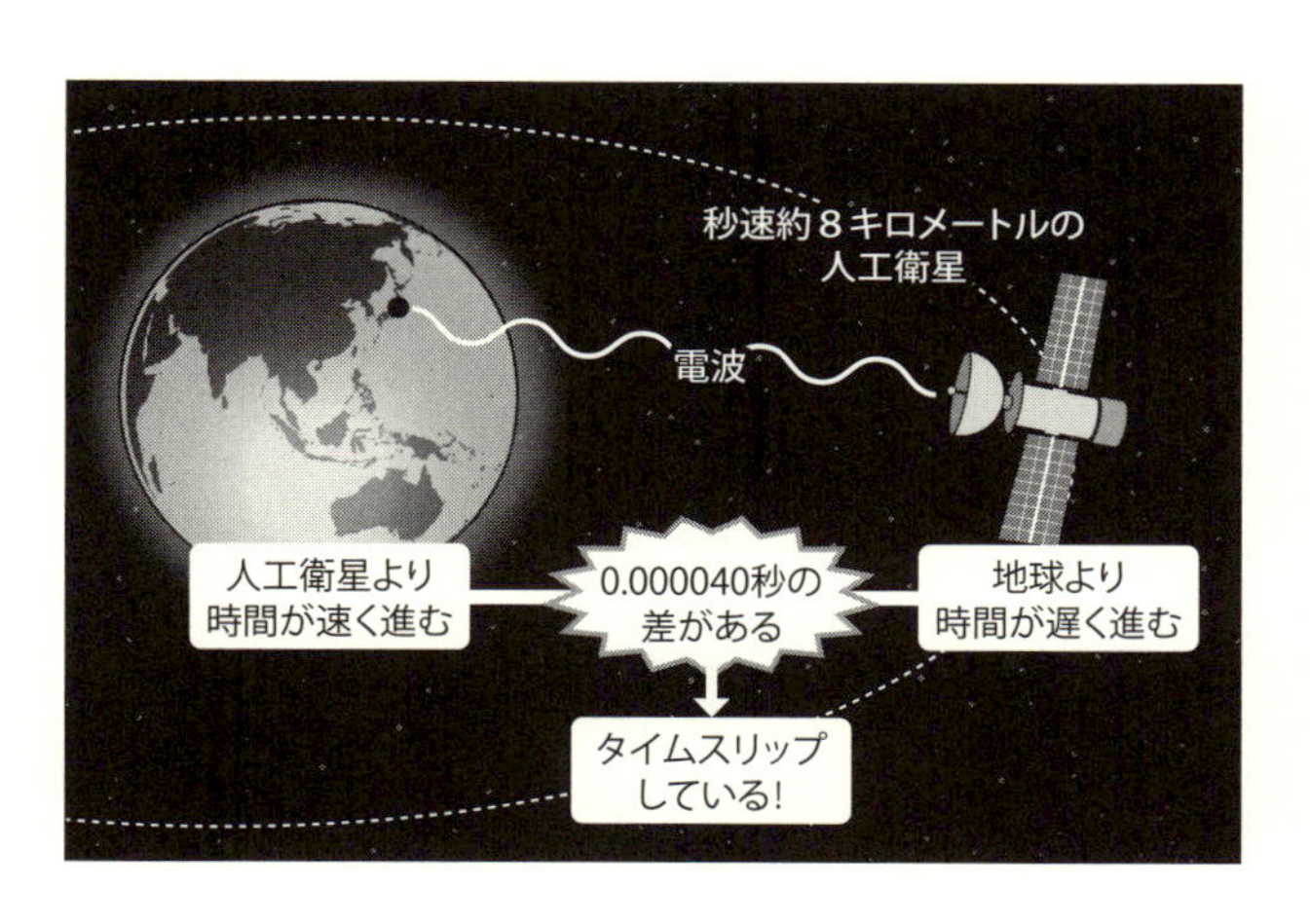

あたり約40マイクロ秒（＝０・００００４０秒）だけ速く進む。

簡単に言えば、人工衛星は毎日０・００００４０秒だけ未来へタイムスリップしているのである。

「え〜、でもたかが、０・００００４０秒でしょ？　それほど影響はないでしょ？」と思う人が多いと思う。

だが、しか〜し！

考えてみてほしい。先ほど説明したように、GPSの観測者の位置は人工衛星との相対距離によって求められる。その距離は、人工衛星から発せられる電波の受信時間によって求められる。

電波は光の一種であるから、１秒間に約30万キロメートル進む。たった０・

00000040秒とはいえ、この誤差をほうっておくと、距離にして1日あたり約11キロメールのズレが生じることになる。

つまり、観測点の正確な位置が計測できなくなり、たった1日でGPSが使いものにならなくなるのである。

そこで、相対性理論の公式から、人工衛星がタイムスリップした時間のズレを補正しているのである。

★ウラシマ効果と重力の両方を使った方法

●複合技で攻めてみる

ここまでの話を総合すると、少なくとも理論的には、未来に行くタイムマシンを作ることは可能であることが分かる。

問題は、人間が実際にタイムマシンに乗り込み、数年、数十年あるいは数百年単位の

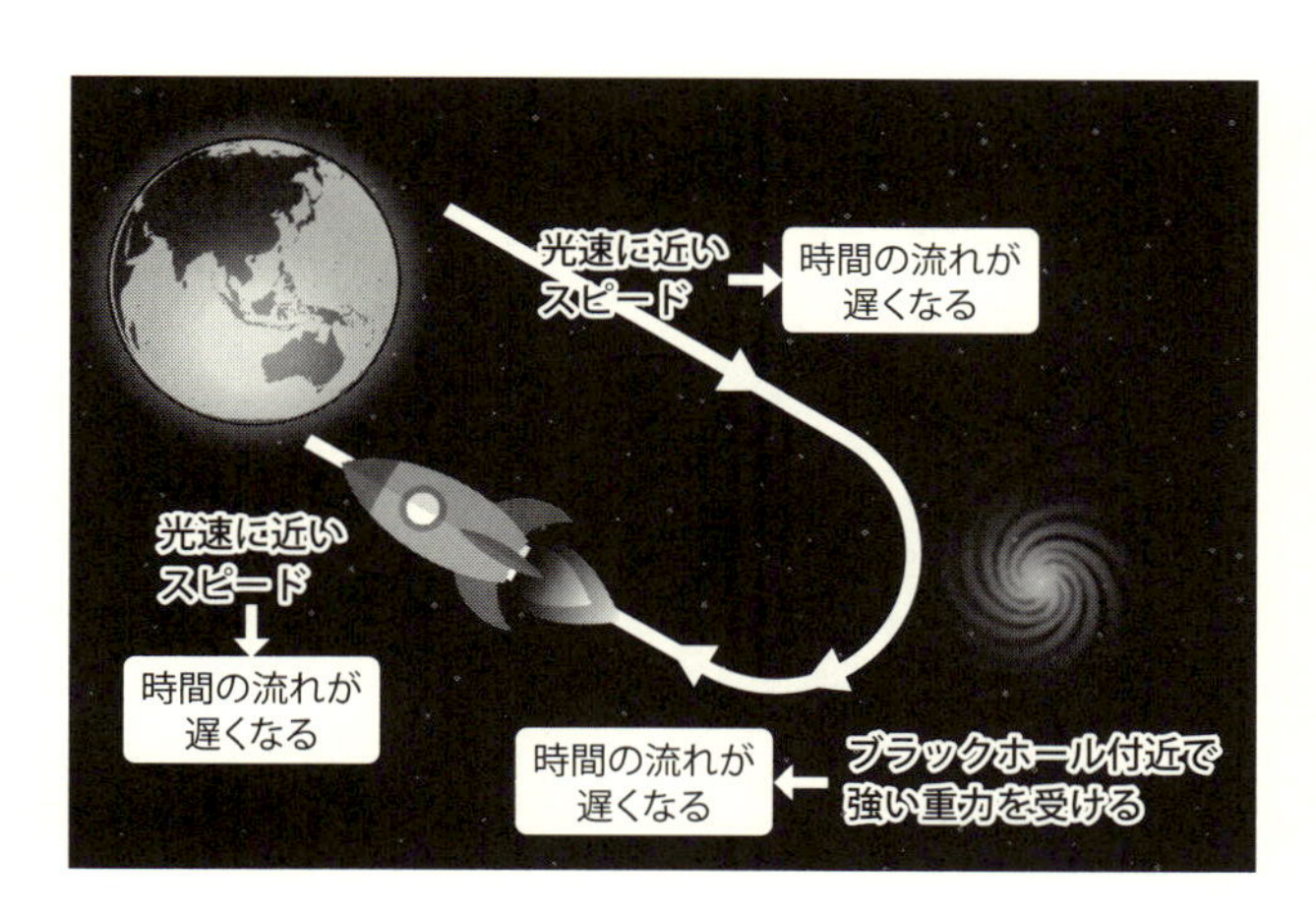

タイムトラベルをすることが可能かどうかだ。

未来に行くための理論の例として、ウラシマ効果を利用する方法と、重力を利用する方法の2つを紹介した。

前者の場合は、光のスピードにできるだけ近づくロケットを製作すればよい。現時点では技術的問題点も多いが、後者の、木星くらいの質量を持つものを約6メートルの球殻に縮めるよりは現実的かもしれない。後者の場合は、少なくとも私には、現在の技術力では現実的な方法が思いつかないのだ。

また、将来的には、この2つの方法を組み合わせた方法も考えられる。

光速にきわめて近い速度を出せるロケットに乗り、地球を出発し、光速に近いスピードでかっ飛ばす。この時、ウラシマ効果で時間の流れが遅くなる。そして、ブラックホールに接近するのである。

当然、ブラックホールに近づきすぎると、光さえも逃れられなくなるので、危険ではあるが、ロケットの推進力で脱出可能なギリギリのところまでなんとか接近する。

すると、ブラックホールの強い重力の影響を受けて、時間の流れが遅くなる。最後に、ブラックホールの近くから離脱し、光速に近いスピードで地球に戻ってくる。

これを行えば、効率的に時間の遅れを生じさせることができるため、数十年〜数百年レベルで未来に行ける可能性はある。

ここまで高性能なロケットは、現在の科学では実現不可能である。それでも、未来永劫にわたって不可能とは言い切れない。

少し前まで、ブラックホールの存在は数式上の空論とさえ思われていた。しかし、観測技術の進歩により、現在ではブラックホールの存在はほぼ確実視されている。同じように、高性能ロケットも技術の進化によって作れるようになるかもしれないのだ。

いずれにしても、これらの方法で年単位のタイムトラベルを実現するには、光速に近いスピードを出せる高性能のロケットの開発が必要不可欠なようだ。

では、近い将来、どの程度のスピードを持つロケットが開発されるだろうか？

「未来に行く方法＝光速に近いロケットの実現」ということで、ここで、話題をロケット開発にシフトしてみよう。

★いろいろなロケットを考えてみる

●ロケットのスピードを光速に近づける

現在のロケットは、地球の重力を振り切るために燃料のほとんどを消費し、宇宙空間では若干の姿勢制御のためにロケット噴射するくらいで、ほんの少ししか燃料を利用しないように設計されている。

だから、地球を離脱した後は、ロケットの大部分を占める燃料タンクを切り離す。燃料は地球を離脱する時に使用してしまってタンクの中身は空っぽなので、必要ないのである。重力から離脱した後は、慣性の法則やスイングバイ[※4]を利用して目的地まで移動することが多い。

一方、宇宙空間には空気抵抗がないので、他の天体の重力や太陽風などの影響を無視すれば、ロケットを噴射しただけ、どんどん加速する。

「では、燃料をたくさん燃焼させればロケットはどんどん加速できるのでは？」と思われるかもしれない。しかし、燃料が多ければ多いほどロケットの自重は増すため、地球の重力を振り切るのにより多くの燃料が必要となる。

燃料が多いと重くなり、遅くなる。かといって燃料が少なければ、地球の重力に負けてしまう……ロケットには、このようなジレンマが存在する。

残念ながら、現在の通常のロケットは、限りある燃料を燃焼させるものである。簡単に言えば、ガソリンを燃焼させて走る自動車と同じである。ドラえもんの四次元ポケットでもない限り、燃料を無限にロケット内部に確保するのは不可能である。

もし、仮に燃料がロケット内部に無限に存在し、ひたすら噴射し続ければ、光速に近づける可能性は十分ある。

燃料を無限に確保する方法はないのだろうか？

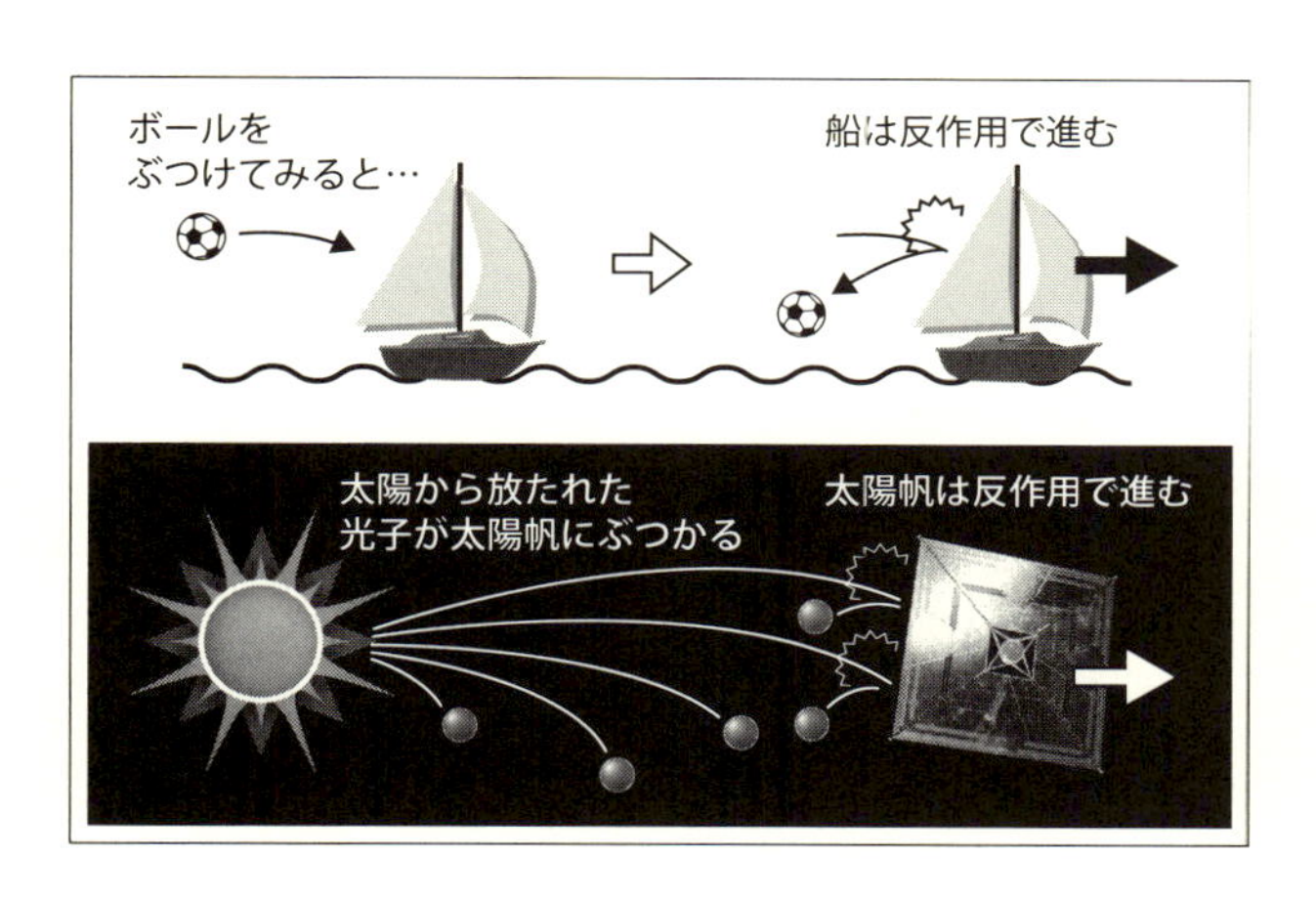

答えは「ある」。

それは、宇宙航行中に宇宙空間に漂う物質を回収するなどして、加速用の推進剤を現地で無限に確保していく方法である。

これを実現するために、本書では2種類の方法を紹介しよう。

ひとつは恒星が放出する光（光子）を反射させて航行する太陽帆（ソーラーセイル）ロケットで、もうひとつが宇宙空間に漂う反物質などを回収し、燃料として使用する反物質ロケットである。

この2つのロケットは次世代の恒星間ロケットとして注目されている。

●太陽帆ロケット

太陽帆ロケットの仕組みは意外に簡単である。

話を分かりやすくするために、いま、上図のように模型の帆船が水面に浮いていると想像しよう。帆船とは帆に風を受け、推進する船である。今回は人間が手で運べる程度の小さな模型を考えよう。

もし、風が吹いていなければ、帆船は動かない。

そこで、後方から船の帆に小さなボールをぶつけてみる。ボールは帆にぶつかり、跳ね返るだろう。逆に船はボールの運動を帆に受けて前方に動き出す。作用反作用の原理で帆船が動き出すからだ。

これと同じ原理を宇宙空間で行うのが、太陽帆である。

太陽などの恒星から放出される光は、波としての性質と粒子としての性質を持つ特殊な物質（素粒子）である。粒子としての光の粒を光子という。

いま、鏡に光を当てると、光が反射する。その際、光子が跳ね返る作用反作用で、きわめて微小であるが鏡に力が加わる。この光の作用反作用を推進力として宇宙空間で利用するのが太陽帆である。

宇宙空間で巨大な帆を開いて、恒星の光を帆に受ければ、非常に小さい推進力でも少しずつ加速していき、最後には非常に速いスピードを手に入れることができる可能性がある。しかも、燃料はゼロであるため、メリットが大きい。

この太陽帆は、現在、さまざまな機関で研究されている。

日本の宇宙航空研究開発機構（ＪＡＸＡ）では、ソーラーセイルと太陽電池によるイオンエンジンを併用したソーラー電力セイルを実証機「ＩＫＡＲＯＳ」に搭載し、２０１０年に打ち上げた。

「ＩＫＡＲＯＳ」は太陽光セイルによる加速に成功し、その後、金星のスイングバイにも成功している。太陽光セイル宇宙機として、はじめて他の惑星に接近したのである。※5

イカロスはギリシャ神話に登場する人物で、物語のなかでは、蝋で作った翼で空を飛ぶが、高く飛びすぎたために太陽の熱により蝋が溶け、墜落死する。「ＩＫＡＲＯＳ」はこのイカロスからとったネーミングであろうが、どことなく墜落しそうで、ウィットに富んだネーミングだ。

もっとも、太陽帆ロケットには大きな欠点がある。光を発する恒星が近くにいないと、推進力が得られないという点だ。

宇宙空間を航行する場合、航行時間の多くは、漆黒の暗闇の宇宙空間である。そのため、暗闇でも加速し続ける技術が必要となる。

宇宙船が地上や月面など太陽からの光が不足する場所にあって、推力が十分に得られない場合は、地上や月面の基地からレーザー光を照射し、それを帆で反射して航行することも考えられるが[※6]、広大な宇宙ではそれすらできない場合も考慮しなければならない。

本章では、タイムマシンの作製を通してノーベル賞受賞の可能性を語っているが、このような太陽帆を用いた実用的な恒星間ロケットなどを発明すれば、十分にノーベル物理学賞の対象となるかもしれない。

●反物質ロケット

次に紹介するのは、漆黒の暗闇でも現地調達できるエネルギー、反物質である。

2章でも解説したように、反物質というとかなりSFっぽいが、意外にも現代科学ではすでに発見されているのである。

反物質とは簡単に言えば、通常の物質と同じ質量を持ち、プラス・マイナスの電荷が

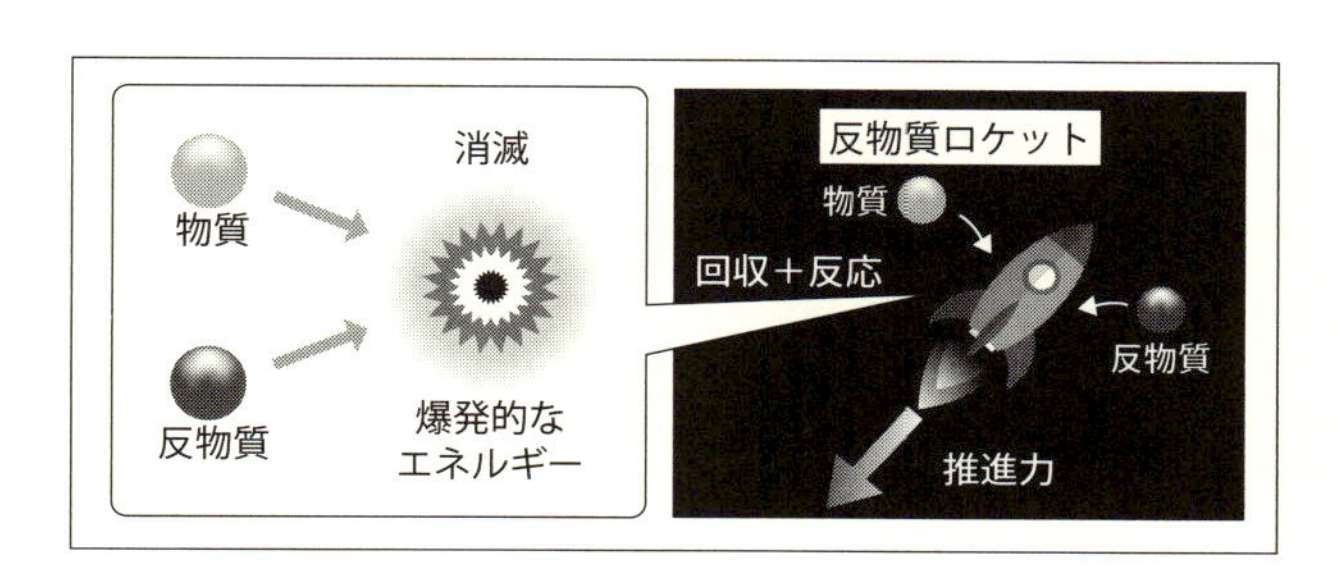

逆の粒子（反粒子）で構成された物質である。通常の原子はプラスに帯電した陽子と、マイナスに帯電した電子から構成される。しかし反物質は、陽子の質量を持ちながらマイナスに帯電している反陽子と、電子の質量を持ちながらプラスに帯電している陽電子から構成される。[※7]

反物質が通常の物質とぶつかると、どちらも消滅し、爆発的なエネルギーが発生する。この現象を利用したのが、反物質ロケットである。

反物質は自然界に安定して存在できないが、それでも、宇宙空間ではきわめてわずかではあるが、反粒子の存在が示唆されている。

そこで、ロケットの航行中に宇宙空間で、反物質とそれに反応する物質を別々に回収して、それらを反応させて推力を得るのである。反物質の量は少ないかもしれないが、反応した際に生成されるエネルギーは莫大であるため、推進力も大きい。

もしくは、比較的短時間の航行なら、反物質とそれに反応する物質を最初からロケットに積み込んで、通常の燃料の代わりに使う方法もある。この場合は、粒子加速器などを用いて、人工的に生成する必要がある。

近い将来、宇宙空間に漂う反粒子や反物質を回収しながら航行するロケットや、反物質そのものが容易に作れる技術[※8]が確立されれば、光速に近いロケットができるかもしれない。

この反物質の基礎研究は、素粒子分野に属するものである。

素粒子分野は先述したように、非常に多くのノーベル賞受賞者を輩出している分野である。2章でも登場したアンダーソン博士（1936年）、セグレ教授とチェンバレン博士（1959年）、また2008年には南部博士、小林博士、益川博士が、反物質に関係の深い研究でノーベル物理学賞を受賞している。

タイムマシンを作る前に、反物質の研究でノーベル賞がザクザク受賞できる気がするというのも、ワクワクする話である。

★いくつかの理論はすでに確立されている

●話はタイムマシンに戻って

ここまで説明したように、ロケット技術が進歩を続け、スピードが速くなることで、未来に行けるタイムマシンの実現はより現実味を帯びてくる。

ロケットや反物質の話など、タイムマシンの話題としては少し話題が散漫になり、遠回りした感じはする。しかし、手軽に未来にタイムトラベルできるタイムマシンが発明されれば、たとえそれが過去に帰れない一方通行の時間旅行だとしても、ノーベル賞をとれる可能性は十分にあるだろう。

未来にタイムトラベルできるタイムマシン！

これができればノーベル賞!!

そうはいっても、現実レベルではまだまだ解決しないといけない課題が多いのも事実である。今後10年間くらいでは、未来へ行くタイムマシンを発明してノーベル賞をとる人物が現れる確率は低いだろう。

というわけで、私の独断と偏見で、ノーベル賞受賞実現度は星1つとしたい。

ただし、ノーベル賞をとるだけなら、タイムマシンまで開発しなくとも、光速に近いロケットや反物質の研究などでも十分に受賞できる可能性はある。これらの研究ならば星5つと言えるかもしれない。

【注釈】

1・厳密に言えば、前者（ウラシマ効果）は特殊相対性理論、後者（重力）は一般相対性理論にもとづく。

2・正確には両者とも電磁波の一種。

3・平たく言えば、同じ時間に統一すること。

4・惑星など、天体の重力を利用して宇宙船の速度や方向を変える方法。

5・ただし、ＩＫＡＲＯＳそのものは、金星探査機あかつきから射出されたものであり、直接地球から太陽セイルで金星まで航行したわけではない。

6・この方法はオリジナルビデオアニメ『機動戦士ガンダム００８３ STARDUST MEMORY』のペガサス級強襲揚陸艦アルビオンが月面のフォン・ブラウン市を出港する時に見られるシーンと似ている。ただし、アルビオンの場合は月面からのレーザーを反射しているのではなく、推進剤を加熱・加速させるのに使用しているらしい。

7・電子と陽子の反粒子だけでなく、中性子の反粒子である反中性子も存在する。

8・恒星を卵の殻のように覆うダイソン球や地球軌道上空で地球を一回りする粒子加速器などがとりあえずは考えられている。

5章

【最大の難関】

タイムマシンで過去に戻る

【受賞期待度】★

★イメージトレーニングをしてみる

●アインシュタインでも不可能だった？

前章では、タイムマシンを使って未来に行く方法について語った。しかし、あくまでも未来への一方通行のタイムトラベルであった。

やはりタイムマシンは未来と過去の両方に自由に行けてナンボである。我々凡人にとってのタイムマシンというのは、邪（よこしま）なモノであるハズだ！　未来に行って競馬の当たりを知っても、過去に戻り、馬券を買わなければ意味をなさないではないか!?

アインシュタインは、未来へ行けるタイムマシンの基礎となる相対性理論を発表した。まさに天才だったのであろう。しかし、私生活において彼は1人目の妻と離婚し、ノーベル賞の賞金をその慰謝料にあてたと言われている。

くぅ～、男と女は賽（さい）の目だ。サイコロを振ってみないとどんな目が出るか分からない。アインシュタインが離婚しようと決意したとき、もし過去に行けるタイムマシンがあったとしたら、彼はどうしていただろうか？

●タイムマシンにまつわる矛盾

さぁ、いよいよ本題に入っていこう。

じつはタイムマシンで過去に行くのは、未来に行くより格段に難しい。

先述したように、未来に行く方法は理論的に確立しており、GPSの人工衛星のようにほんの少しの未来（1日あたり0・000040秒）へのタイムスリップならば、現状でも普通に生じているのである。

しかし、過去に行く方法となると、話はとたんに複雑になる。

昔、筆者が小学校だったころ、小学校の図書館にクイズ本が置いてあった。その本の中には以下のようなクイズがあった。

ついに夢のタイムマシンが発明された。そのタイムマシンにある男性が乗り込み、過去にタイムトラベルした。
過去に行くと、そこは戦争の真っ最中であった。過去にタイムトラベルした男は、その戦場で兵士に聞いた。

「いま、なんの戦争をしているのですか？」

するとと、兵士はこう答えた。

「いま、第一次世界大戦の真っ最中だよ」

さて、この証言はウソだろうか？　それとも本当だろうか？


当時、小学生だった私は思った。

「仮にタイムマシンが発明されたとしも、第一次世界大戦の名前は、あとでつけられた名称で、戦争の起こった当時は、第一世界大戦と言わなかっただろ。だから、『この証言はウソ』が正解だ」

しかし、クイズの答えは「この証言は正しい」であった。

その理由は「タイムマシンが発明されたならば、その当時にもタイムトラベラーが多数存在している可能性があり、『第一次世界大戦ですよ』と答えた兵士は、もっと未来から来たタイムトラベラーだった」というものであった。

私は子供心に、このクイズに「なるほど」と感心したのを覚えている。そして、同時にこうも思ったのである。

「ん？　待てよ!?　もし、遠い未来に、過去に行けるタイムマシンが発明されていれば、未来からこの現代にタイムトラベラーがたくさんやってきて、私達のいるこの現代に存在しているではないか？

では、未来人はどこに潜んでいるのか？　この現代に正体を隠して人知れず潜伏しているのだろうか？　逆に言えば、この現代に未来人を見かけないのは、少なくとも過去に行けるタイムマシンは未来永劫、発明されていないからなのではないだろうか？」

さて、本当のところはどうなのだろうか？

★エントロピー増大の法則と時間の流れ

●エネルギーの変換にまつわる法則

最初に気になる点は、そもそも時間を過去にさかのぼることが可能であるかどうかでうか？

ある。また仮にできたとして、過去にタイムトラベルすることで問題は生じないのだろ

我々の住む宇宙においては、物体の運動などには、すべてに適用されるあるルールが存在する。それが物理法則である。

人類は、いまだ宇宙のすべての物理法則が分かっているわけではない。しかし、いくつかのルールは発見している。例えば古典力学や相対性理論、量子力学などがそれである。そして、これらのルールを発見した人物にノーベル賞が多く与えられている。

これらの物理法則を成り立たせる上で非常に重要な原理が、エントロピー増大の法則[※1]である。

このエントロピー増大の法則を簡単に説明すると、「エネルギーにはランクがあり、エネルギーの流れには方向性がある。物理変化が起こった時、エネルギーの総和は同じでも、ランクの高いエネルギーから低い方にエネルギーが流れていく」というものである。

例えば、振り子を空気中で振る場合を考えよう。

この場合には、振り子の持つ位置エネルギーと運動エネルギーが相互に変換される。

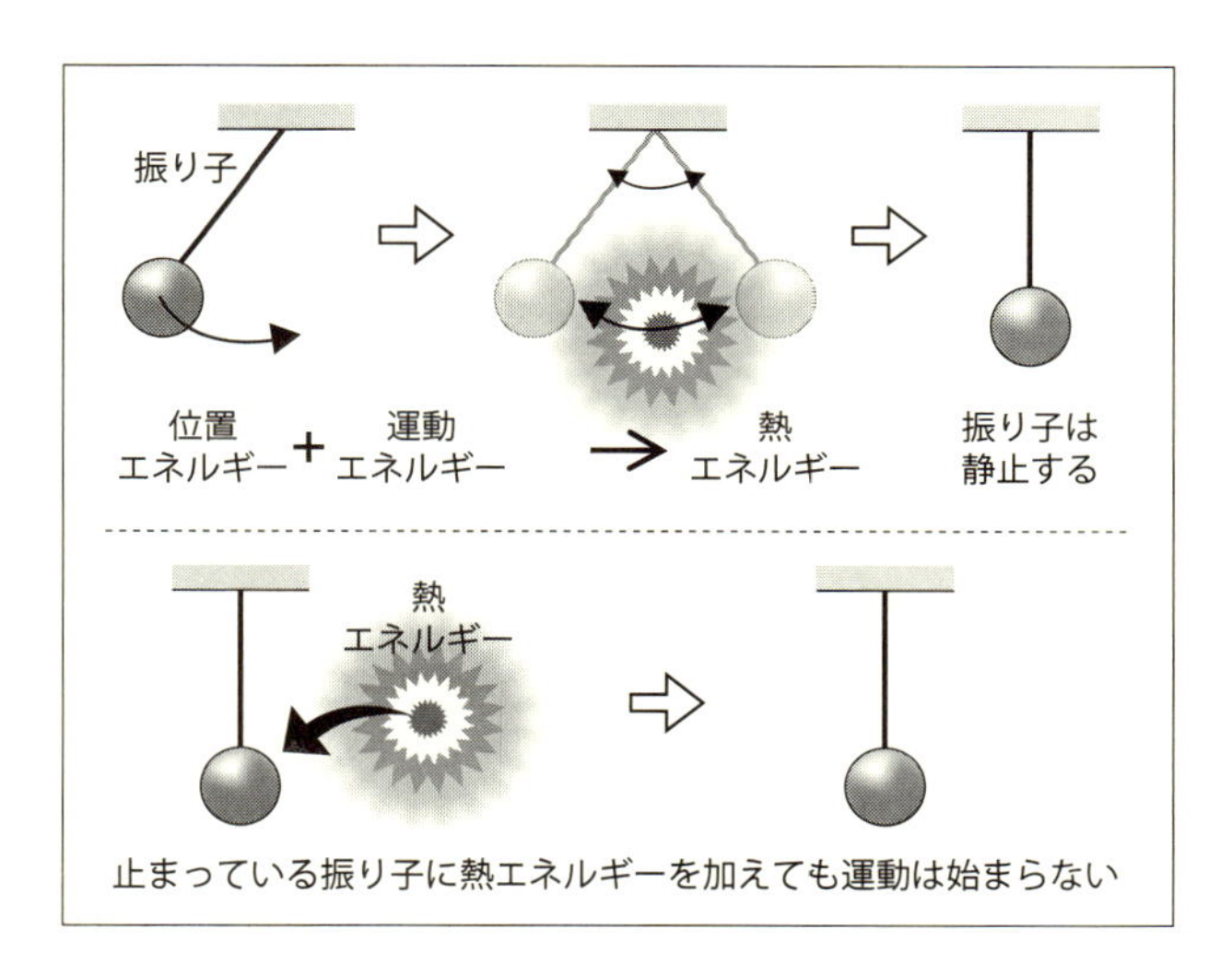

高校物理で習ったように、エネルギー保存の法則より、空気抵抗がない場合には位置エネルギーと運動エネルギーの総和は常に一定であり、振り子は永久に反復運動を行う。

しかし実際には、空気中では空気抵抗を受けるために運動は徐々に低下していき、最終的には停止する。

これは、振り子の持っていたエネルギーが、最終的には周囲の空気の熱エネルギーに変換されるからである。

この場合、最初に持っていた振り子のエネルギー（位置エネルギー＋運動エネルギー＋周囲の空気の熱エネルギー）の総和は変化しない。

では、この現象を逆に考えて、静止

した振り子の周囲の空気を暖めると、熱エネルギーが運動エネルギーや位置エネルギーに変換され、振り子運動は始まるだろうか？

答えはノーである。一度止まった振り子は最初のようには動き出さないのである。

このように、一般にエネルギーには高等ランク（運動エネルギー、位置エネルギー）、下等ランク（熱エネルギー）があり、エネルギーの変換は何か特別なことをしない限り[※2]は、高等ランクから下等ランクへ一方向に変換される。

また、別の例を考えよう。

左図のように保温容器に仕切りがあり、A室とB室があるとする。仕切ったそれぞれの部屋には温かいお湯と冷たい水が入っているとする。

その後、仕切りを取り去り、しばらく時間がたつと、最終的には全体の温度が混ざり合い、A室とB室の中間の温度となる。

このとき、混ざり合う前後で水全体の持つ温度エネルギーの総和に変化はない。エネルギー保存の法則から言えば、仕切りを取り去った後も、A室とB室のそれぞれの水の温度はいつまでもそのままの温度でも良いはずだ。もしくはA室の温度が上がり、その分だけB室の温度が下がって、総和のエネルギーが一定となっても良いはずである。

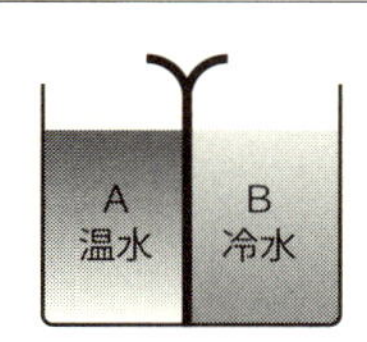

しかし、実際には温度は混ざり合う方向性を持っている。これもエントロピー増大の法則である。

基本的には一度混ざった水とお湯に対し、何か特別なことをせずに、A室とB室のお湯を再びもとの温度にするのは不可能である。

このように、いったん起こった事象がもとに戻らないことを不可逆性という。

●宇宙規模の法則？

エントロピー増大の法則は、宇宙全体にも適用されていると考えられる。

ただし、厳密に証明されていないのがポイントで、すべては経験則によるものである。「1＋1は誰が計算しても2だろ？」レベルでしかない。

今のところ、宇宙空間のすべてでエントロピー増大の法則を完全に証明できていないのである。もしこの法則が完全に証明できれば、もしくは破ることができれば、それはそれでノーベル賞候補であるが……。

さて、話はタイムマシンに戻るが、エントロピー増大の法則にのっとると、時間の進む方向は必ず過去から未来へ移動し、逆方向には絶対に時間が流れない可能性がある。なぜなら、時間が逆流するとエントロピーが減少し、エントロピー増大の法則を満たさないからである。

しかし先述したように、そもそもこのエントロピー増大の法則自体が経験則であり理論的に証明できていない以上、例外も存在するかもしれない。また、人為的に何か工夫をすることで、時間が逆戻りして、過去に行ける可能性は完全には否定できない。

★ワームホールを使って過去へ行く方法

●ワームホールとは何か

エントロピーの問題など、さまざまな課題は存在するが、それでも多くの物理学者が、過去に行けるタイムマシンについて理論的な研究を行っている。安心してほしい。人類の夢が完全に閉ざされたわけではないのだ。

本書では現在考えられている方法のひとつとして、ワームホールを利用した過去へのタイムトラベルを紹介する。

ワームホールを説明するためには、まずホワイトホールについて説明しなくてはならない。

一般相対性理論では、数式上、光さえも飲み込む暗黒の穴「ブラックホール」の存在が示唆されてきた。

以前はブラックホールは数式上の存在であり、実在するかは不明であった。しかし、宇宙観測技術の進歩により、その存在が確認された。

ホワイトホールは、ブラックホールとは異なる数式上のもうひとつの解である。例えば、「xの2乗＝4」の解が「x＝2」と「x＝マイナス2」の2つ存在するようなものである。光さえも吸い込むブラックホールとは逆で、穴から何でも吐き出してしまう性質を持つので、ホワイトホールと呼ばれる。

ただし、ブラックホールと違い、ホワイトホールはあくまでも数式上の解であり、観測でも発見されていないし、存在も不明である。

ブラックホールとホワイトホールは、相対性理論から導き出される解の表と裏のような存在である。一方は飲み込むばかり、もう一方は吐き出すばかり。そこで、物理学者はこの2つの穴がトンネルで繋がっている可能性を考えた。それがワームホールである。

このワームホールは、左図のように、宇宙空間におけるあるブラックホールとホワイトホールを繋ぐ近道のトンネルのような性質を持つと考えられる。つまり、ブラックホールに吸い込まれたものが、ホワイトホールで吐き出されることになる。

ワームホールの片端はブラックホールであるから、通常はこのワームホールを自由に通過することはできない。

しかし、アメリカの物理学者ソーン博士は、1988年に論文で、通過可能なワームホールの条件を発表した。もし、この方法を使うことができれば、ドラえもんの「どこでもドア」のように宇宙空間を一瞬で移動できることになる。

次に紹介するタイムマシンの例では、通過可能なワームホールの存在という大前提を

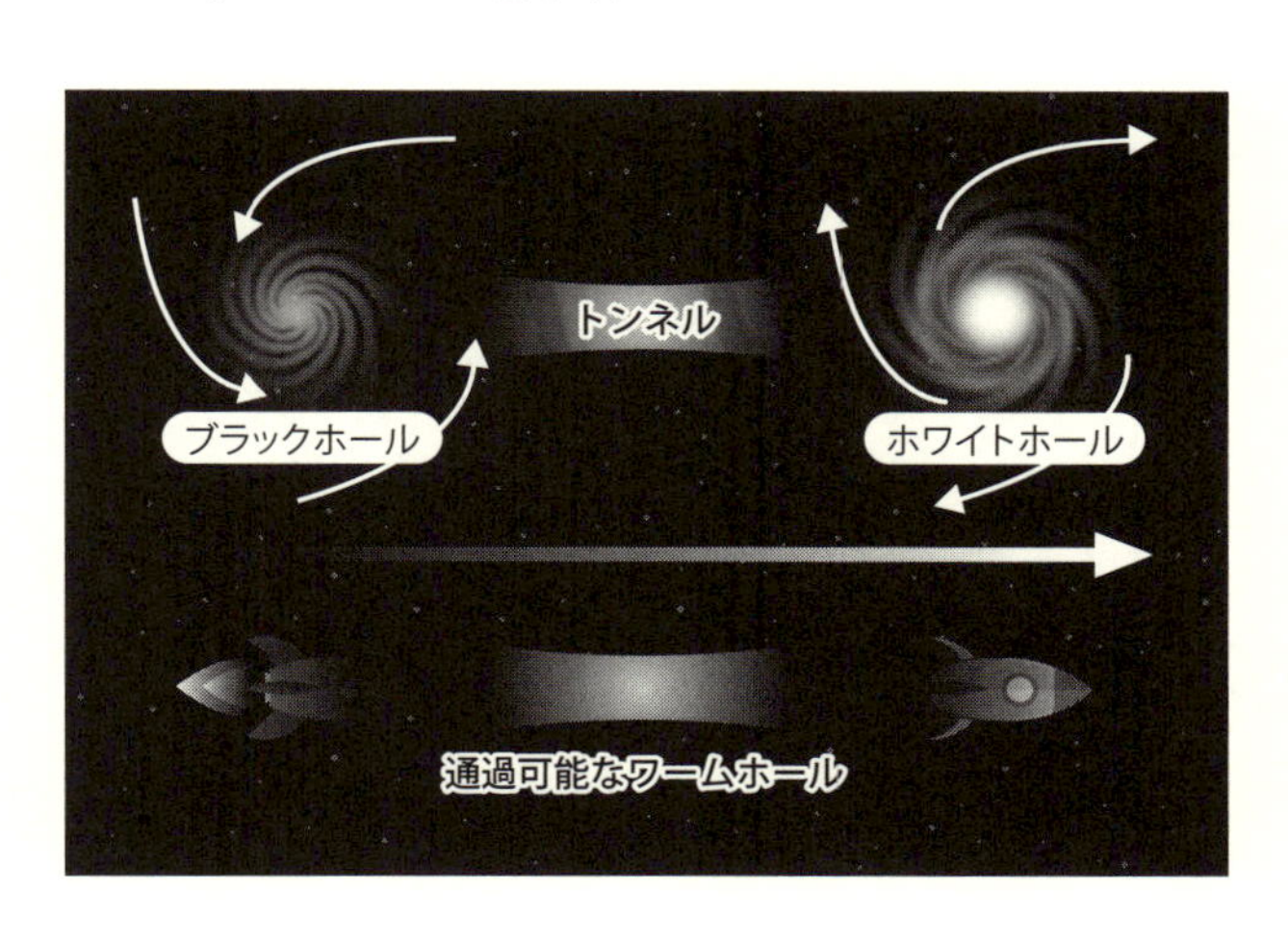

クリアする必要があるが、今は細かい話には目をつむろうではないか。

●ワームホールを通って過去へ行く

いよいよタイムマシンの話に入ろう。

ここで紹介するのは、この世に通過可能なワームホールが存在することを大前提とした上で、ワームホールをロケットなどで通過して過去に戻る方法である。

具体的には次の通りである。

いま、通過可能なワームホールの出口を地球に、入口をロケットの中に固定しておく。

そして、西暦２９００年にこのロケット

を地球から発射し、光速に近いスピードで宇宙空間を航行させ、その後、ロケットが地球に戻ってきたとする。

4章で説明したように、光速に近づいたロケットの内部の時間は、ウラシマ効果によりゆっくり流れ、地球上の時間の方が速く進む。

ロケットが地球に戻ってきた時、地球では100年が経過しており、ロケットの中では10年しか経過していないとすれば、地球上は西暦3000年、ロケットの中は西暦2910年となる。

そこで、今度は、地上で西暦3000年に存在する人間が戻ってきたロケットに乗り込み、西暦2910年のワームホールの入口に飛び込む。

このワームホールを通過すれば、ワームホールの出口は2910年の地球上に存在するので、結果的に西暦2910年の地球に移動し、90年前の過去の地球に戻ることができる。

これが、ワームホールを使って過去に戻るタイムトラベルの概要である。

う〜ん、本当にこんなことが可能だろうか？　なにか、騙し絵でも見ている気分になるのは私だけだろうか？　なんともモヤモヤ感が残る。

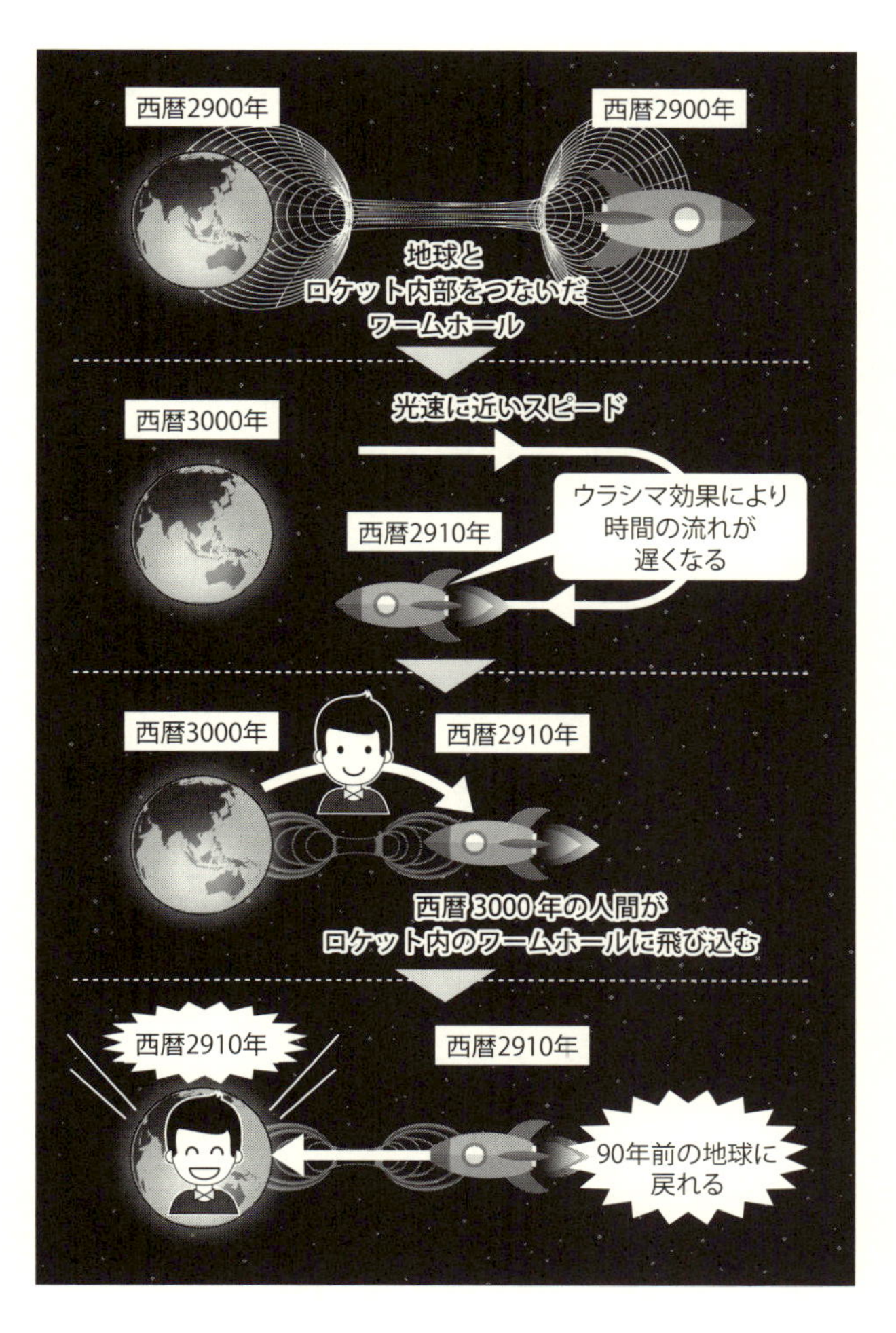
西暦2900年
西暦2900年
地球と
ロケット内部をつないだ
ワームホール
光速に近いスピード
西暦3000年
ウラシマ効果により
時間の流れが
遅くなる
西暦2910年
西暦3000年
西暦2910年
西暦3000年の人間が
ロケット内のワームホールに飛び込む
西暦2910年
西暦2910年
90年前の地球に
戻れる

●過去へ行くのは難しい

このような、過去に戻れるタイムマシンに関しては、他にもいくつかのアイデアが存在している。

例えば、光速よりも速く、虚数の質量を持つタキオンという物質を仮定し、過去に行く方法を検討する研究者もいる。このタキオンは、光より速く動けるが、質量が虚数であるために、相対性理論を数式上では満たすのが特徴である。

実際にタキオンを実験などで観測しようと、世界の物理学者が頑張ってはいるが、今のところ、その存在は確認されていない。しかし、完全に存在が否定されているわけではないのだ。タキオンを見つけることができればノーベル賞候補は間違いないであろう。

そして、タキオンを用いて、過去に戻れるタイムマシンを開発すれば、ノーベル賞のダブル受賞も夢ではない。今のところ夢レベルではあるが……。

また、詳細については省略するが、「宇宙ひも」と呼ばれる時間と空間の関係が特殊な領域を利用して過去に戻る方法も検討されている。

ノーベル賞という観点から言えば、直接的にタイムマシンとして利用できなくとも、宇宙ひもの謎を解明すれば、これまたノーベル賞候補となるだろう。

しかし、これらの方法を使用したタイムマシンの実現は、その大前提のスケールが大きすぎて、今日の段階では現実性に欠ける。

くぅぅぅ～っ、やはり過去に戻るのは無理なのか……!?

★タイムテレビならできるのか？

●過去を見るだけならできる

やはり、現実的な過去へのタイムトラベルには少々無理があるのだろうか？　我々の夢は露と消えてしまうのだろうか？

そこで、もう少し難易度を下げてみよう。

自分自身が過去にタイムトラベルすることは無理でも、ドラえもんに登場する「タイムテレビ」のようなもので過去の出来事の映像を見ることはできないだろうか?

じつは、「過去の出来事を見る」ということは、我々は日常的に経験している。なにもビデオ録画やインターネット動画などのアーカイブ(保存記録)のことではない。もっと直接的に過去の出来事を自分の眼球で見ているのである。

皆さんが夜空を見上げ、きらめく星々を見る行為がそれである。

夜空の星のきらめきは、宇宙の果ての恒星が自分自身で光り輝き、その光が宇宙空間を旅し、地球に到達することで起こっている。

光は秒速30万キロメールで宇宙空間を進んでいるわけであるから、当然、我々が地球で観測できる光は、かなり昔に発せられたものであり、今現在の星の光とは違う。つまり、過去の映像を見ているのである。

例えば、冬の大三角を構成する1等星のひとつであるシリウス(おおいぬ座)は、地球から約9光年離れているので、いま、我々が目にしているシリウスの状態は約9年前のものである。

約250万光年離れているアンドロメダ銀河に関しては、地球では、250万年前に発せられた光の状態しか観測できない。極端に言えば、もしかしたらアンドロメダ銀河

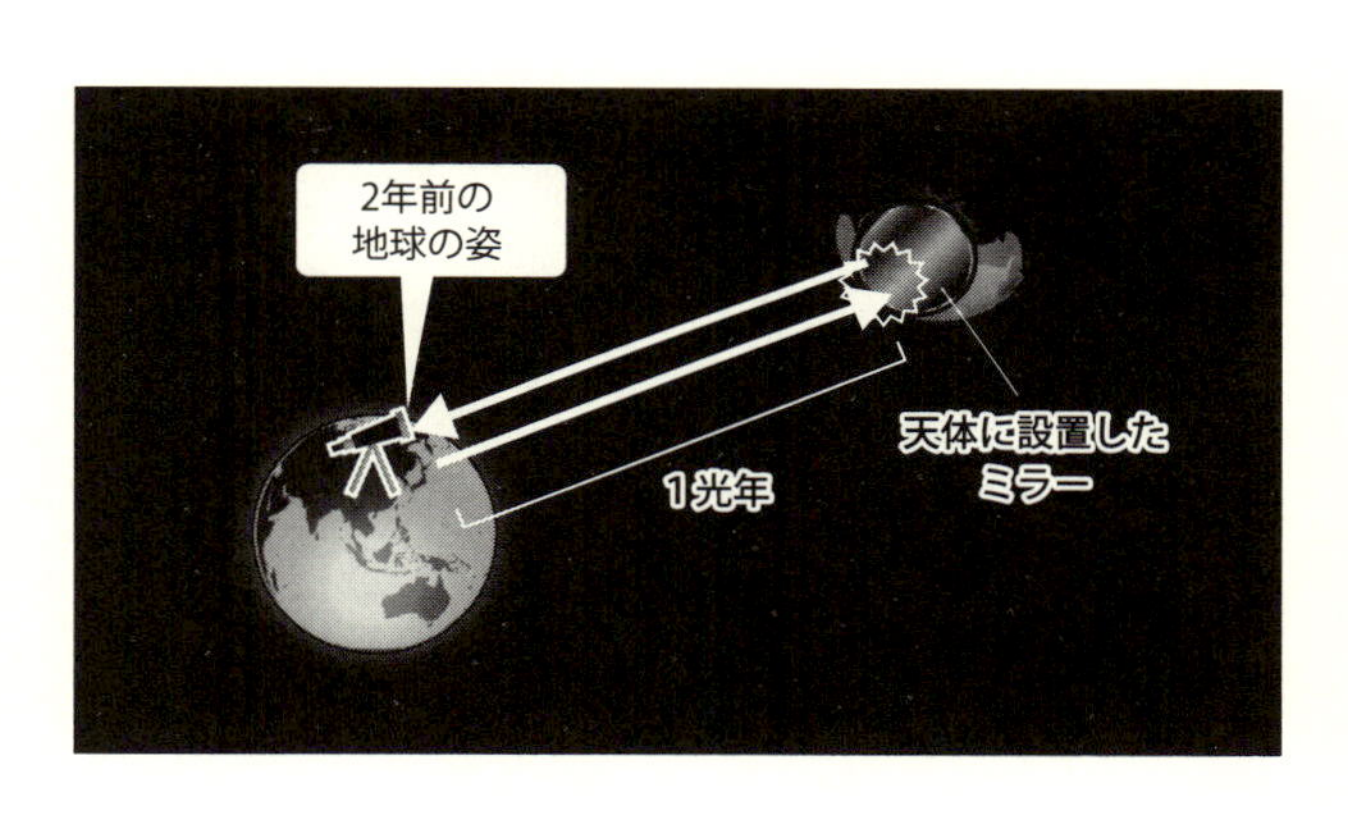

は今日すでに消滅してこの世にないかもしれない。
しかし、我々にはそれを確かめる手段がない。

●巨大ミラーを使った提案

そこで、この考えを逆手にとり、過去の地球の映像を見る方法が提案されている。

例えば、1光年先にある天体などに巨大なミラーを取り付け、地球の姿を反射させ、その光を地球上の望遠鏡で観測すれば、2年前の地球の状況を見ることが可能である。

もちろん、ミラーを取り付ける天体が遠くになればなるほど、より昔の地球の姿を見ることができる。

もう少しアイデアを広げて、上図のように複数の天体にミラーを設置し、いくつかの星を経由して地

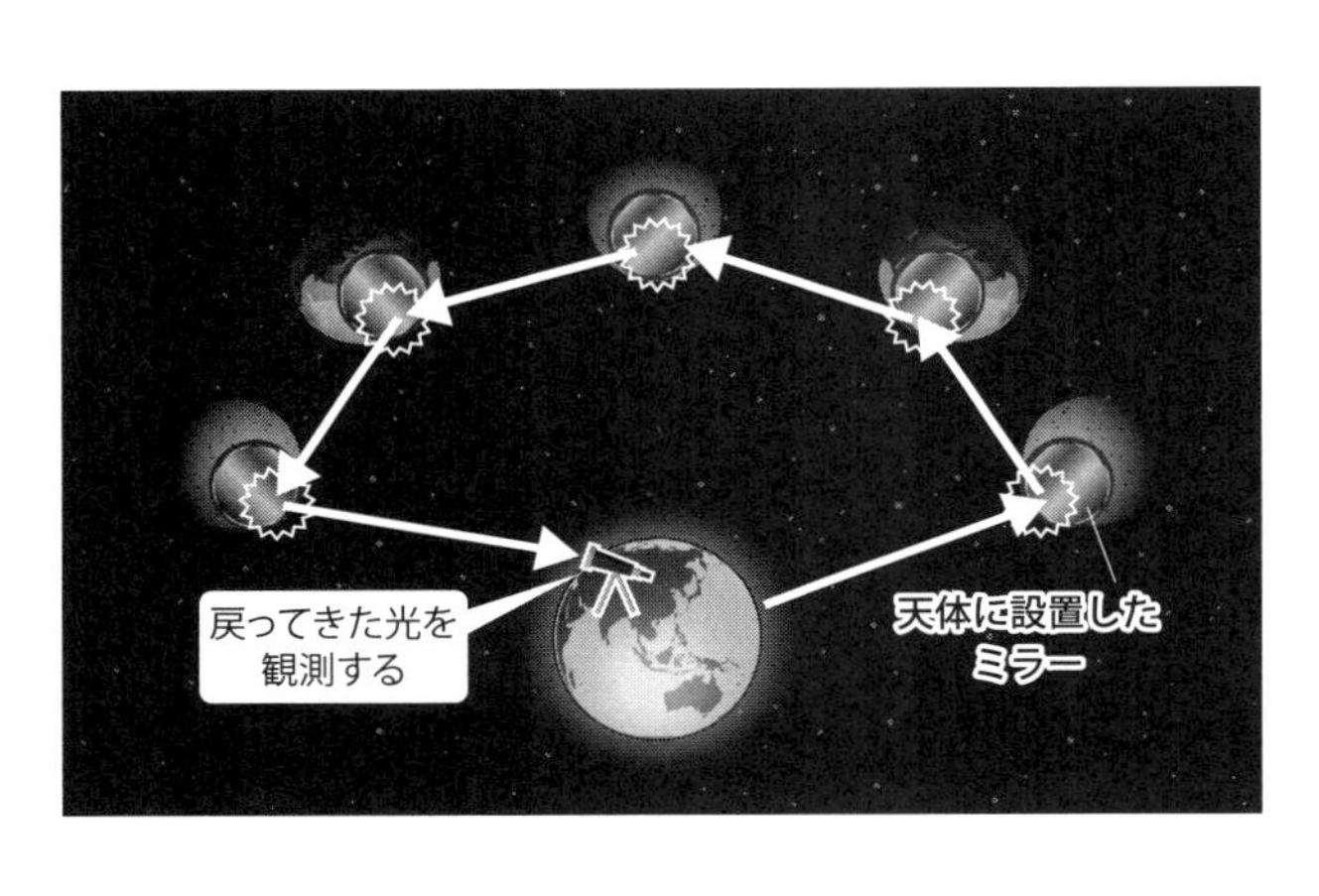

球に戻ってくる光を観測するというのはどうだろう？　まるで『宇宙戦艦ヤマト』の反射衛星砲ではないか！

こちらの方が光の経路の距離を稼げる分、タイムラグも大きく、過去に戻れる時間幅も大きい。

また、同様のアイデアはミラーを使わなくても、質量の大きな星の存在だけで可能かもしれない。

アインシュタインの相対性理論によると、重力場は空間を曲げることが知られている。重たい星の近くを光が通過するとき、空間が曲げられて、光はまっすぐに進まず曲がって進む。そこで、ミラーの代わりに質量の大きな星を用いて、光の進路を曲げる方法もあるだろう。

ただし、地球は自分自身が発光せず、あくまでも太陽の光を反射しているだけなので、地球の過去の状態を観測するのに十分な光の量が確保できるかは不明であるが……。

また、十分な光量があって、高性能な望遠鏡を用いた場合でも、過去の地球上の人間の顔までは識別できないだろう。せいぜい大きな建物とか地形程度しか判別できないかもしれない。

いずれにしても、成功したとしてもタイムラグの大きなＷＥＢカメラのようでどこか虚しい……。しかも、この方法ではノーベル賞をとれる気がしないのが最大の難点だ。

★立てよ、研究者たち

●誰も知らない未来に向けて

本章では、過去にタイムトラベルできるタイムマシンとして、ワームホールを用いたものを紹介した。

しかし、やはりワームホールは難易度が高い。タキオンや宇宙ひもを利用する方法も同様である。これらの方法ではあまりの難易度の高さに、タイムマシンにたどり着く前にノーベル賞がダブル・トリプルで狙えてしまう。

おそらく、今後数十年間で過去に行けるタイムマシンが発明され、ノーベル賞を受賞できる可能性は限りなくゼロに近いだろう。少しひいき目に見ても、星0・5といったところだ。

しかし、タイムマシンを発明する上できわめて重要となる宇宙の時間と空間は、相互に密接に関係している。そして、1章で説明したように、宇宙関係の研究はノーベル賞の宝庫である。さしあたりホワイトホールやワームホール程度なら誰かが発見してノーベル賞をとるかもしれない。

あの天才アインシュタインですら、自分の未来は予想できなかったのである。今後、大きな発見がされて、過去に行けるタイムマシンが発明されることを誰も完全には否定できないのだ。

過去に行けるタイムマシン！
これができればノーベル賞!!

【注釈】

1・分野により様々な呼び方がある。例えば熱力学の分野では、「熱力学第二法則」ともいう。

2・「何か特別なこと」とは、例えば周囲の熱エネルギーを熱発電機などで電気を起こし、モーターを使って振り子を運動させるなどが考えられる。ただし、この場合はロスなどがあり、理論上は100％の熱エネルギーを運動エネルギー・位置エネルギーに変換できない。

6章

【知識と技術で人類を守る】

地震を予知する

【受賞期待度】★★★

★巨大地震の恐怖

●地震予知は人類への貢献

皆さんもご存知のように、日本は地震国であり、古くから多くの地震の被害を受けてきた。

左図は世界の地震の発生個所を記した地図である。特に日本やチリ、中東など特定の地域に地震の発生が集中していることが分かる。

日本は周囲の海の領土を入れても、面積で世界の1％しかない。しかし、世界で発生するマグニチュード7以上の巨大地震の10％は、日本で起きているのである。

１９９５年の阪神・淡路大震災では約６０００人、記憶に新しい２０１１年の東日本大震災では約2万人の死者・行方不明者を出している。もちろん、これらの巨大地震以外にも小～中規模の地震はたくさん起きている。

地震の恐ろしいところは、なんと言っても、ある日突然起こり、一度大きな地震が起これば非常に多くの犠牲者が出る可能性があることである。

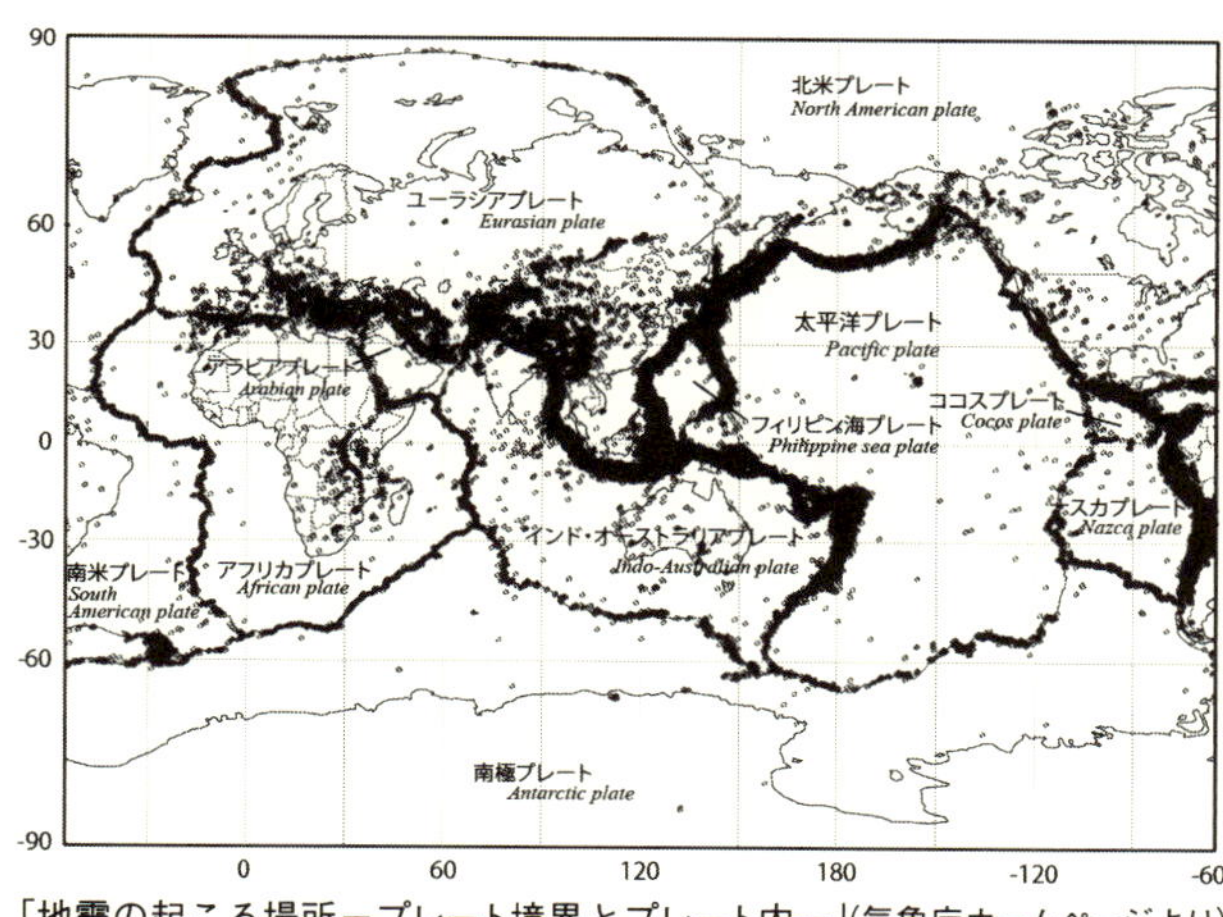

「地震の起こる場所－プレート境界とプレート内－」(気象庁ホームページより)

もし、巨大地震の予知が高精度で可能になれば、政府や自治体も現実的な避難対策をとることも可能となり、多くの人命を救うことができる。

そんなことができるようになれば、それこそがノーベルの遺言である「人類最大の貢献」として認められるのではないだろうか!?

地震を取り扱う学問は、大まかに言えば地球物理学という物理系の分類に属する。ノーベル賞の部門でいえば、物理学賞の範囲になるだろう。

ノーベル物理学賞といえば、とかく宇宙や素粒子などが花形ではあるが、地球物理学も立派な物理学のひとつである。

本章ではいくつかの地震予知研究を紹介しながら、ノーベル賞受賞の可能性について探ってみたいと思う。

★地震の分類

●地震のメカニズムによる分類

まずは初めに、地震のメカニズムについて簡単におさらいしておこう。

一言で地震と言っても、その発生メカニズムにより、いくつかの種類に分類される。大別すると、「プレート境界型地震」と「プレート内地震」の2種類に分けられる。[※1]

これら2種類の地震発生メカニズムは、よく知られている「プレートテクトニクス」という理論で説明される。

我々の住む地球の表面部分はいくつかの岩盤の塊に分類でき、そのひとつひとつをプレートという。さらにプレートの下にはマントルとコアが存在する。マントルには流動性があり、内部で対流が生じている。[※2]海嶺[※3]などではマントルから熱い岩が噴出し、冷えて固まることで新しいプレートが連続的に作られていく。そのため、それぞれのプレートは移動していく。

一方、プレートの反対端ではプレート同士がひしめき合って「プレート境界」を作る。プレートは別のプレートの下に潜り込み、マントルに落ちていく。

このようなプレートの動きを説明するのがプレートテクトニクス理論で、プレートの動きにより地震が発生する。

139ページの図が示すように、日本は北米プレート、ユーラシアプレート、太平洋プレート、フィリピン海プレートの4枚のプレートの交差点に位置しており、不幸なことに常に大きな力を受けているため、地震が頻発する。

●プレート境界型地震

プレート境界型地震は、次のようにして起こる。

2つ（もしくは複数）のプレートの境界において、下に潜り込むプレートは、上に乗っ

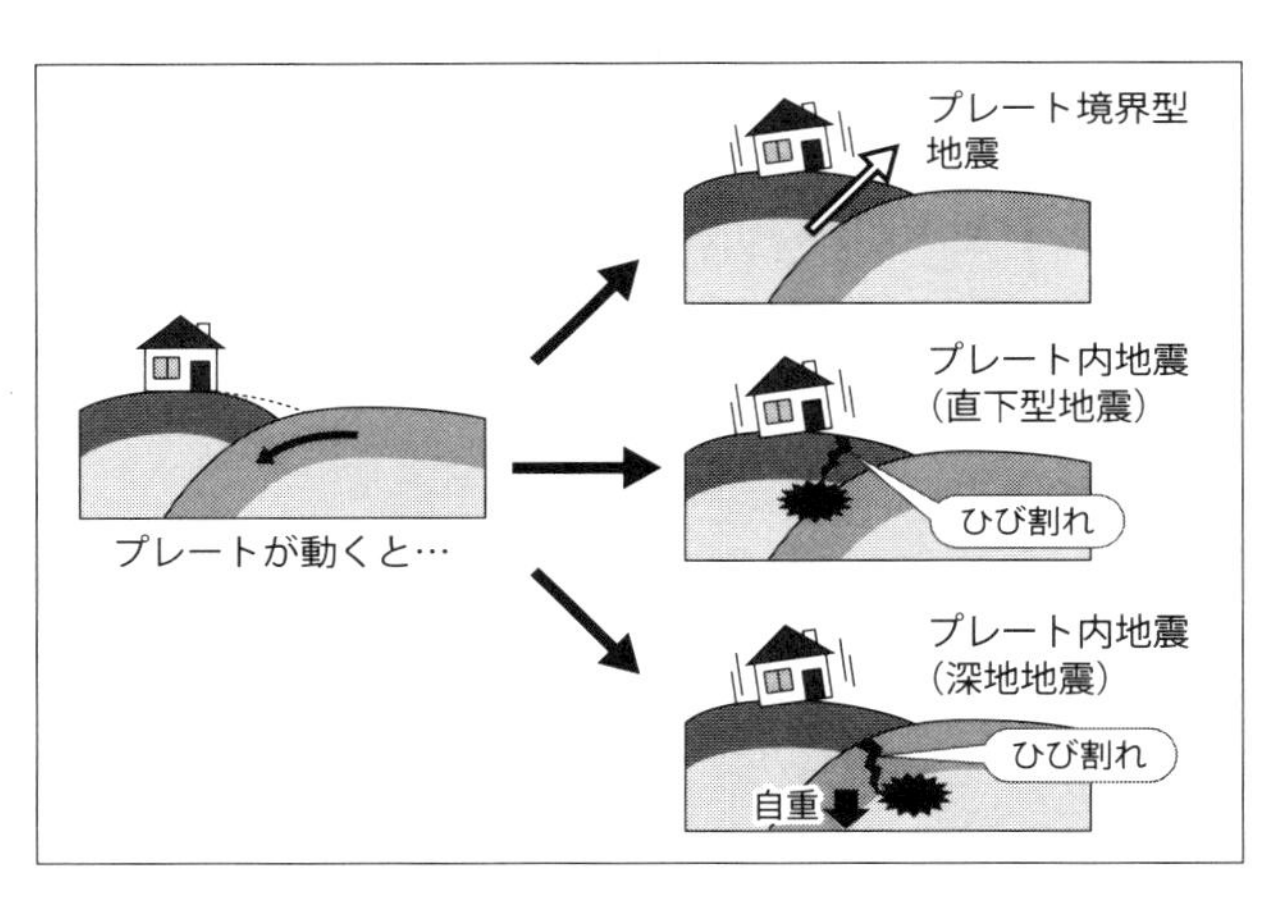

ているプレートを引き込みながら沈みこむ。引き込まれた上側のプレートは、自分自身を変形させていく。

このとき、上のプレートはある一定の変形までは耐えられるが、ある限界を超えると蓄えられたエネルギーを解放してバネのように跳ね上がり、もとの状態に戻ろうとする。これがプレート境界型地震である。

日本の場合、プレート境界の多くは海に存在するために、プレート境界型地震が発生すると、プレートが海面を押し上げ、津波が発生する場合がある。

また、プレートそのものが大きく動くため、地震そのものの規模[※4]（マグニチュード）が大きいのが特徴である。

●プレート内地震

一方、プレート内地震は、プレートの動きではなく、プレート自身が破壊され、エネルギーが解放されることで起こる。

地球を覆う巨大なプレートは、時にゆがんで割れる。この時、割れた面に沿って移動が起こった箇所を断層と呼ぶ。

断層は断層面に沿って再度亀裂が生まれる可能性が高い。なかでも近い将来、再度破壊を生じる可能性の高い断層を活断層という。活断層の付近で地震が警戒されるのはそのためである。

プレート内地震は直下型地震とも言われ、一般的にプレート境界型と比べ地震の規模は小さいが、震源が近いために揺れ（震度）が大きくなる場合がある。

プレート内地震にはこれ以外にも深発地震などがある。深発地震はプレートがマントルに沈み込む時、自分自身の重さでプレートが破壊されるために生じるといわれている。

したがって、一言で地震と言ってもその発生メカニズムは異なるというのがポイントのひとつである。

つまり、地面が揺れるという結果は同じでも、発生メカニズムが異なるために、予知がより困難になるのである。

●新しい理論・プルームテクトニクス

最近では「プルームテクトニクス理論」という新しい考えも提唱されている。従来のプレートテクトニクスが地球表面のプレートの動きを取り扱っているのに対し、プルームテクトニクスはプレートの動きを発生させるマントル内部の対流（プルーム）の動きを解明し、より詳細なプレートの動きを解析する理論である。マントル内部の対流の動きが詳細に分かれば、地震や火山などの長期的な予測がしやすくなると考えられている。

現在、このプルームテクトニクス理論は日本の地球学者である深尾良夫博士や丸山茂徳博士などが中心になって提唱している。海外ではプレートテクトニクスほどメジャーな考えではないようであるが、今後この新しい理論が地球物理学の分野で有効な理論と判断されれば、両氏のノーベル物理学賞受賞も有り得るかもしれない。

★中国とトルコの地震予知の話

●成功例とされているもの

ここまでは、地震発生のメカニズムなどを解説してきた。これらを踏まえ、実際の地震予知の話に入っていこう。

地震予知のもっとも有名な成功例のひとつが、中国で起こった海城地震のケースである。海城地震は1975年の2月4日に遼寧省海城市で起こったマグニチュード7の地震である。この地震では前兆現象として、家畜や野生動物などの異常行動や井戸水などの異常噴出などが観測され、体感できる前震なども多かった。

近く大地震が発生すると判断した中国政府により、緊急的に100万人規模の住民避難が行われた。避難後に本震が起こり、強い揺れで多くの家屋が倒壊したが、大部分の住民は避難が完了しており、死者はわずかに0.002%だったという。

ただし、中国ではこの地震以外では地震予知に失敗していることや、当時は文化大革命で混乱していた時期であるため、データの信憑性が疑問視されている。

したがって、一般には中国のこの地震予知はある種の偶然であり、実際の地震予知は未だにきわめて困難であると言われている。

●無念の予知失敗例

また、逆に地震予知に失敗した例も多くある。次に紹介するのは一例にすぎないが、地震予知の難しさを考えさせられるケースである。

数ある地震の中には、ある規則に沿って震源地が移動するものがある。

トルコ北部には、北アナトリア断層という、長さが約1000キロメートルにもわたる断層がある。日本列島が札幌から鹿児島まで約2600キロメートルであるから、日本列島の半分もある巨大な断層である。

この断層では、1939年に東端で大きな直下型地震が起こって以来、数十年の間に、巨大な直下型地震が断層に沿って東から西へ順番に起きていった。

震源は少しずつ移動し、1967年にはマグニチュード7クラスの大地震が起きた。

当然、地震研究者は、次の地震発生地は1967年の地震の震源地よりも西の場所で

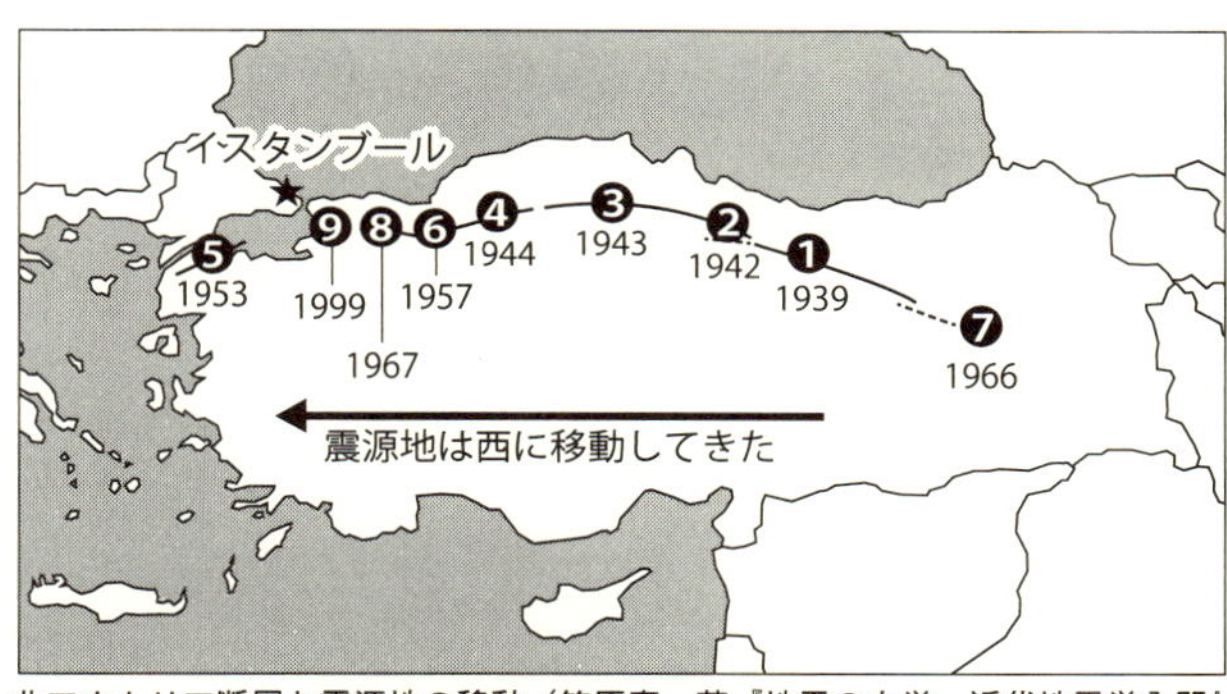

北アナトリア断層と震源地の移動（笠原慶一著『地震の力学―近代地震学入門』（鹿島出版会）・島村英紀著『地震学がよくわかる―誰も知らない地球のドラマ』（彰国社）の図を参考に作製）

あると予想した。

また、今までの震源地の移動スピードと地震の間隔を考慮すれば、遅くとも１９８０年代には次の地震が起きるとも考えた。

次の震源地が分かれば、その土地で観測を重点的に行い、地震の前兆現象をキャッチすれば、地震予知が可能となるかもしれない。世界の地震研究者はそれぞれに詳細な震源地を予想し、包囲網を張ったのである。

彼らは最先端の地震調査技術を持ち込み、次の地震の前兆現象をキャッチしようと観測をし続けた。しかし、予想された１９８０年代は結局何も起こることなく終わってしまった。

一般的に公的機関の科学研究費というのは研究期間が数年間と限られており、その間に結果を出さないと、研究予算を打ち切られることが多い。トルコの場合は、多くの研究は想定した観測期間内に結果を得られないまま終了し、予算的に継続することが困難となり、撤収となった。それでも、いくつかの研究機関は粘り強く観測を続けた。

そして、予想された時期より大きく遅れた1999年、ついに地震が起こった。しかも震源地はドイツ研究チームの観測地の近くである。

ドイツといえば日本に勝るとも劣らない技術国である。そのドイツの最新機器による地震観測データが収集されていた場所の近くで地震が起きたのだ。しかし、きわめて残念なことに、その最新鋭の観測データにはまったく地震の前兆は記録されておらず、ドイツの研究者達は地震が発生する前に、地域の住民になんの警告を発することもできなかったのだった。

結局、住民が寝静まった深夜午前3時に地震が発生し、※5トルコ政府の発表で1万7000人、実際には死者・行方不明者を合わせて4万5000人以上の犠牲者を出す大惨事となってしまった。

もし、この時ドイツの科学的データにより地震予知が成功し、住民の避難ができていたら、ノーベル賞受賞の可能性はあったかもしれない。しかし、この例は地震予知がいかに困難かを物語っているのである。

★地震予知の今後とノーベル賞

●地震予知で具体的に示されるもの

日本政府の公式見解では、日本で地震予知できる可能性があるのはいわゆる東海地震だけとなっている。

東海地震とは、静岡県駿河湾で発生する、周期が100～150年程度の、プレート境界型の、マグニチュード8クラスの巨大地震である。東海地域は関西と関東の中間にあり、流通もさかんであることから、地震予知は非常に重要なのである。

東海地震は南海地震とセットにして東南海地震として扱われることもある。近年では1000年周期の「超東海地震」の発生の危険も叫ばれているが、ここでは話を簡単にするために、従来型の東海地震について考えてみよう。

地震予知というのは具体的に、次の3つが限定されている必要がある。

・いつ起こるか？（時）
・どこで起こるか？（場所）
・どのくらいの規模で起こるか？（大きさ）

「具体的に」というのがポイントである。地震予知において、これらのポイントをぼかすと、日本なら誰でも地震予知が可能となってしまう。例えば、私が「1年以内に関東地域で地震が発生する」と予知したとしよう。関東地域には毎日のように地震が発生しているため、絶対に当たるのだが、こんな予知では意味がない。

では、なぜ、東海地震では具体的な地震予知が可能なのか？

それにはいくつか理由があるが、主なものをあげれば、東海地震に焦点を絞ることで、過去のデータなどから具体的な「場所」と「大きさ」をすでにクリアしている点である。あとは「時」だけだ。

東海地震はプレート境界型地震であるから、地震の種類を想定することで前兆現象を絞り込める。あとは専門の観測機材を集中的に配置し、前兆現象をキャッチすればよい。

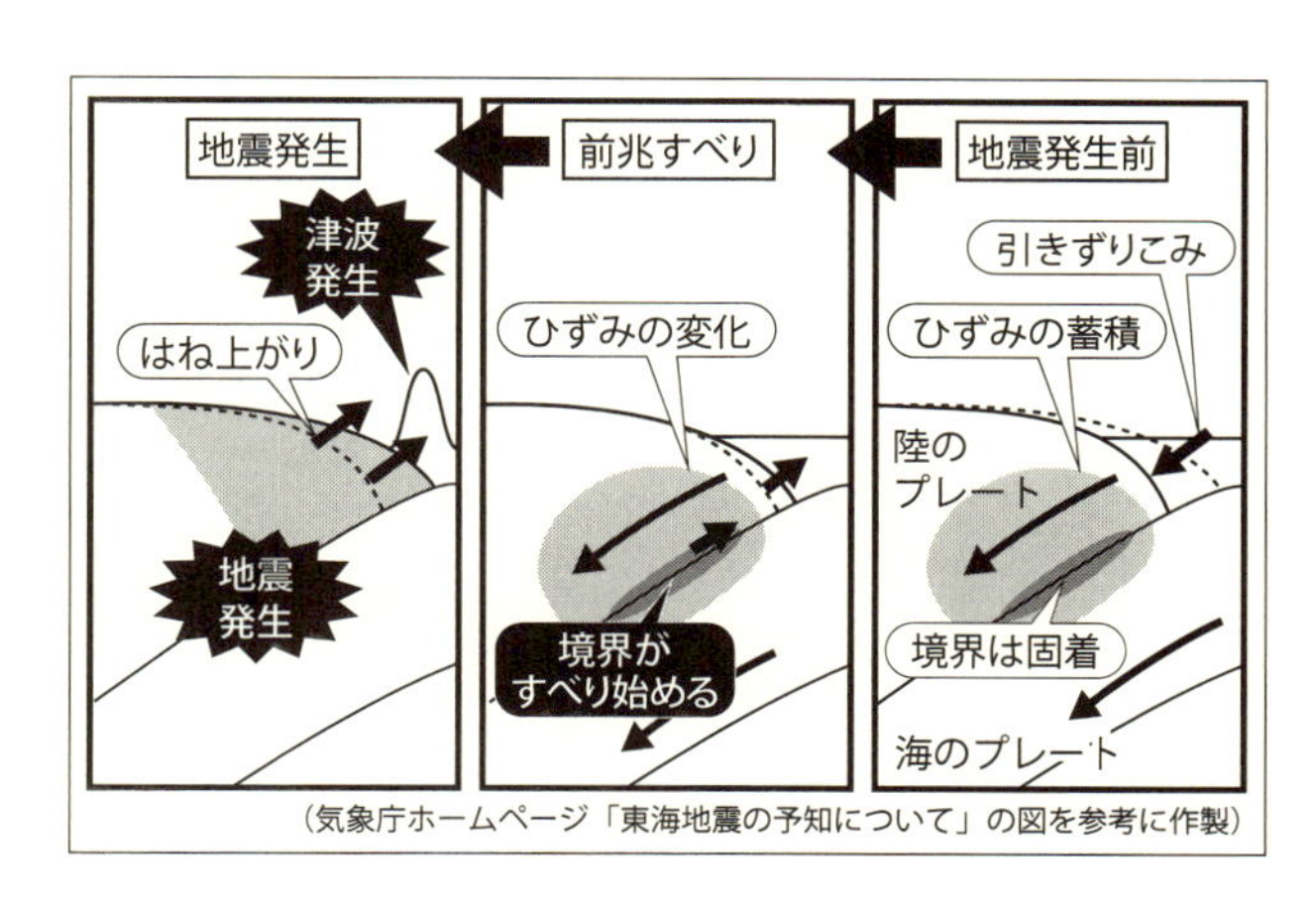

（気象庁ホームページ「東海地震の予知について」の図を参考に作製）

この東海地震の前兆現象として有名なのが「前兆すべり（プレスリップ）」と呼ばれるものである。

これはプレート境界型地震に起こりやすい前兆現象のひとつである。

上図のように、歪んだプレートが変形のエネルギーを蓄えてバネのように元に戻る時には、いきなり一気に跳ね上がるのではなく、少しプレートが滑り出し、跳ね上がる方向に微妙に動き出す。

その結果、地盤の傾きが短時間で継続的に変化する。この変化は地震の速い揺れとは違う、ゆっくりとした動きである。

１９４４年に起こった昭和東南海地震では、本震の２日前から前兆すべりが観測された。

地盤の傾斜が短時間で変化するために、土

木測量が正確にできず、測量技術者は困ったという。この前兆すべりを観測することで、東海地震を予知できる可能性はある。

しかしながら、これが難しいところで、前兆すべりが起こらないまま本震が起こることもあり、その場合にはこの方法では地震予知が不可能となる。

また、当然であるが、直下型地震や深発地震などでは、この前兆すべりは観測されないので、同じ東海地域の地震でもこの方法では予知が不可能である。

このようないくつかの難点もあるが、前兆すべりを観測することで東海地震の予知ができれば、初の科学的な地震予知の成功例となり、ノーベル賞受賞の可能性は十分に出てくる。ただし、東海地震の場合は誰が受賞対象となるかは不明であるが……。

●地震予知の最前線

東海地震に限らず、地震の前兆を見つけ、科学的に実証し、実際に地震予知に成功すれば、ノーベル賞受賞の対象になる可能性は高い。

前兆すべりはプレート境界型地震に特有の前兆現象であったが、その他にも地震の前兆現象が存在する。

代表的なものとしては、以下のようなものがあげられる。

地殻変動：文字通り地震の前に地殻が動くことであり、前兆すべりもこれに分類される。

地震活動：過去の地震の空白期間や震源地の移動などの長期的なものから、前震などの短期的なものも含まれる。

地下水の変化：井戸の水の色や水位が変化する現象である。基本的には地殻変動が原因であると考えられる。

電磁波の乱れ：岩盤は大きな力を受け、変形し、破壊される時に電磁波を発生する。そのため、本震直前に岩盤が初期のひび割れを起こす時、大きな電磁波の乱れが発生すると言われる。この電磁波の乱れは、地震前に見られる動物の異常行動や地震雲の原因とも言われている。

発光現象：夜間に発生する、空が一瞬フラッシュをたいたように明るくなる現象であり、大地震発生の際に多くの目撃例がある。岩盤の変形による電磁波の乱れに影響して発光現象が起こっている可能性は高い。

地震予知はやはり困難であるが、それでも、なんとか成功させようと、大学や民間研究所または個人などの多くの人たちが地震の前兆現象を研究している。

元北海道大学の森谷武男博士は電波観測による地震予知を試みていた一人である。また、麻布大学獣医学部の太田光明教授は動物の地震予知能力を研究している。

しかし、先述したように、場所、時間、規模などを確実に予測するのは困難をきわめる。そのため、最近では地震そのものを予知するより、地震が発生した後、その被害を最小限に抑える方法を論議する方向にも力が入れられている。


例えば、耐震・免振設計の推進や、緊急地震速報の充実などである。

最近テレビや携帯端末などでよく耳にする「緊急地震速報」は、大地震が発生したときに、震源地近くの地震計で観測した初期の小さな揺れ（P波）を瞬時に解析し、大きな揺れ（S波）が到達する前に警報を出す仕組みである。

したがって、大きな揺れの到達する数秒前にしか警報が出ない。場合によっては大きな揺れが生じた後に警報が出ることもある。

現状でも緊急地震速報の精度は地震予知と比較にならないほど高い。しかし、警報が出てから数秒間でできるのは、机の下に隠れることや火を消すことくらいであり、主な目的はこのわずか数秒間でできる被害軽減である。やはり、地震予知とは本質的に目的が異なる。

●現時点での有力候補

では、東海地震以外の現実的な地震予知はやはり無理なのか?
じつは現在、非常に有望な方法がいくつか現れてきている。本書ではそのすべてを紹介することはできないが、一例を紹介しよう。

いま、世間で注目を集めているのが、東京大学名誉教授の村井俊治博士と荒木春視(はるみ)博士が提案している、空間情報工学による地震予測法[※6]である。

村井博士の専門は測量工学である。彼は日本測量協会の会長を務めていたこともある、測量工学の首領(ドン)である。

空間情報工学とは、GPSなどの最先端の測量機器やセンサーなどを用いて、物体の形状や位置などを計測・解析する工学分野の学問である。

日本では国土交通省・国土地理院によって衛星測位システムを用いた電子基準点(分

かりやすく言えばＧＰＳ）を１３００地点に配備して、日本の地盤の動きを日夜計測している。

地盤は日常的に少しずつ動いているが、この動きは非常にゆっくりであり、地震のように揺れているわけではない。この地盤の動きを３次元的にとらえ、これを解析することで、地震の前兆現象をとらえようという考えである。

大地震の前にはこの電子基準点の動きに異常がみられ、地震の規模が大きいほど、多くの電子基準点が動くという。

村井博士と荒木博士が地震予測を行っているＪＥＳＥＡ（ジェシア）（地震科学探査機構）によると、２０００〜２００７年に起こったマグニチュード６以上の地震１６２に対し、そのすべての地震でこの方法による前兆現象が認められたという。

しかし、現時点では大地震の発生の数日前から数ヶ月前の範囲で前兆現象が現れており、地震発生の期間にバラつきがあるという。また、大まかな震源地域や地震規模の傾向は分かるものの、より詳細な震源地やマグニチュードを予測できていない。

また、現時点では、電子基準点のデータは観測から約２週間遅れで国土交通省から公開されるため、リアルタイムの解析を行えないなどの問題点も存在する。

この方法は少しずつ改良が加えられ、現在、より精度の高い解析方法が確立されつつあるという。

筆者の個人的な見解であるが、この空間情報工学による地震予測法は近い将来、実用化される可能性がきわめて高いように思われる。もし、提案者の彼らが健在のうちに実用的な地震予測が実現できれば、ノーベル物理学賞の受賞の可能性は十分ありえると思う。ぜひとも頑張っていただきたい。

★ノーベル平和賞は受賞可能か？

●ターゲットを変えてみる

実際の地震災害では、学問的な地震予知だけでなく、それにもとづく住民の効率的な避難も重要なポイントとなる。もし科学的な地震予知によって住民避難が実現すれば、ノーベル平和賞を受賞できる可能性が残されている。

ノーベル平和賞は基本的に国家間の友好や軍縮・和平などに貢献した（もしくは今後、貢献が期待される）人物・団体に与えられる。

しかし、じつは単なる戦争・紛争の解決だけでなく、慈善事業や保健衛生、環境保全など幅広い分野を受賞対象としている。

分かりやすい例としては、労働者の労働条件などを改善する目的を持つ国際組織である国際労働機関（１９６９年）、貧困層向けの事業資金を融資しているグラミン銀行（２００６年）、地球温暖化の対策を国家間で検討する気候変動に関する政府間パネル（２００７年）などの受賞がそれである。

したがって、地震予知が物理学部門で評価の対象にならなくても、科学的地震予知にもとづく避難が初めて成功したとなれば、ノーベル平和賞の受賞候補となるだろう。この場合の受賞対象は、住民避難に成功した機関の長やその国の首相などになるだろう。

いずれにせよ、大地震は一度起こると被害が大きい。しかも日本に住む限り、地震被害は避けて通れないのだ。なんとか地震予知・予測を成功させてもらいたい。

そんな私の希望的観測も含め、ノーベル賞実現度は星３つとしたい。

地震予知！
これができればノーベル賞!!

【注釈】

1・これ以外にも火山性地震や人工地震などもあるが、ここでは触れない。

2・プレートの部分をリソスフェア、マントルは内側の硬くて流動性の少ない部分をメソスフェア、マントルの外側の流動性を有した部分をアセノスフェアという。

3・海嶺とは、海底にあり、マントルが地下から湧き上がっている場所。

4・ただし、揺れそのものの大きさは震源から離れていれば小さくなる。

5・イズミット地震と呼ばれる。

6・様々な理由から公式には「予知」という言葉をなかなか使えない。予知という言葉が使えるのは警報につながるような決定的な場合のみである。したがって、「予測」という言葉が代わりに用いられることがある。ただし、本書では読者の馴染みやすさを考慮して、予知という言葉を予測と同様の意味として用いている。

7章

人間なみのロボットをつくる

【平和賞や文学賞も狙える？】

【受賞期待度】★★★

★かつてロボットはうさんくさいものだった

●今や身近な存在になったロボット

筆者が子供の頃、ロボットと言えばマジンガーZやガンダムなどのアニメや漫画の世界のものであった。筆者の少し前の世代で言えば、エイトマンや鉄腕アトムだったと思う。

しかし、今やロボットは我々の生活に密接に関係してきている。

子供でも買えるような安価な二足歩行ロボットが発売され、『週刊ロビ』（デアゴスティーニ・ジャパン）のように、雑誌のおまけでさえも、もはや玩具のレベルを超えている。この場合は雑誌がおまけであるが。

今から30～40年近く前、筆者らの子供の頃は、工場内で働く産業用ロボットこそ実用化されていたものの、二足歩行ロボットや人間の言葉を理解して動くロボットなどは、ある種の夢物語であった。

ドラえもんのアニメが大ブレイクした昭和50年代、私は小学生であった。当時のドラえもんの設定では、ドラえもんは21世紀の未来からやってきたことになっていた。[※1]当時の私は、「20～30年後の21世紀になれば、ドラえもん的なロボットは完成されるかも……？」と期待をしたものだった。

私は以前、一般社団法人・日本ロボット学会の学会長を務めていた大先生にこんな話を聞いたことがある。

その大先生が学生時代だった頃の話である。今から30年以上前に大先生が大学院博士課程でロボット工学の研究をしていた時、周囲の人から言われたそうである。

「そんなアニメみたいなことやっていて、本当に博士号がとれるのかい？」

つまり、当時の一般の世論では、ロボットといえばＵＦＯと同じくらいうさんくさいものであったのである。

その後の技術進歩により、ロボット技術は急速に発展した。それでも１９９０年代の後半くらいまでは、人間型ロボットの二足歩行はまだまだ実用化レベルに達しておらず、二足歩行の実用化は当分先のことと思われていた。

そんな中、２０００年に本田技研工業株式会社の人間型ロボット・ＡＳＩＭＯが登場し、実用化レベルの二足歩行が実現されたのである。

当時のロボット研究者達の中には、ＡＳＩＭＯがあまりに自然で人間らしい動作をしているのを見て、中に人間が入っているのを疑っていた人さえもいたらしい。

このように今や21世紀に入り、もはやロボットは特別な存在ではなくなってきているのである。

★応用研究でノーベル賞を狙えるか

●受賞は難しい？

ロボットという言葉は、必ずしも人間型ロボット（ヒューマノイドロボット）を指すものではない。産業用のロボットアームをはじめ、お掃除ロボットや戦車タイプのレスキューロボットなども存在する。最近活躍している無人ヘリコプターや無人飛行機も広い意味ではロボットに分類される場合がある。

ロボットを用いた外科手術なども実用化されており、近年では日本においてもロボット手術が保険適用になっている。

一見するとロボットに関係ないようなマッサージチェアでも、人体をモミモミしてくれるモミ玉やローラーは、ロボットアームをマッサージ用に特化したものである。

また、人間の力を増幅してくれるパワードスーツや自動車の自動走行・自動ブレーキなどもロボットの技術を利用しており、このようなロボット技術を総称してＲＴ（ロボットテクノロジー）と呼ぶ。

ＲＴはモーター、センサー、本体の設計やプログラムなど多岐にわたることから、電気工学、機械工学、通信工学、情報工学、制御工学などのさまざまな分野の技術の集合体である。

一般にこのような応用的な工学技術分野ではノーベル賞を受賞するのは難しいと言われている。

しかし、応用研究とも言える青色発光ダイオードの受賞例もある。ようはノーベルの遺言に基づく「人類のための最大の貢献」をすればよいのである。

はたして、ロボットに関してノーベル賞受賞の可能性はあるだろうか？

★現代のロボットの能力

●受賞が可能になるようなロボットとは？

さて、現実の目線から考えて、ノーベル賞を受賞できるような究極のロボットとはどんなものであろうか？

先述したように、ロボットというモノは多種多様であるが、ざっくり考えると以下のような2つの方向性に大別される。

1・人間（もしくは生物）の能力を超越する
2・人間（もしくは生物）と同様の学習能力や動作を実現する

前者は、人間本来の運動レベルを超えた超人的な動作を実現するという方向性である。例えば、宇宙空間などの人間が生活できないような極限環境下において活動するロボットや、パワードスーツのように人間のパワーを増幅するものである。

また、産業用ロボットや手術ロボットのように疲れを知らずパワフルに動けるものや、精密に動けるものなどが、これに分類される。無人ヘリコプターや無人飛行機なども、人間の動きを超越するという点では、これに属すると言えるだろう。

一方、後者の「人間（もしくは生物）と同様の学習能力や動作の実現」というのは、どのようなことであろうか？

じつは人間などの生物（特に脊椎動物）は、非常に高等な学習能力と運動能力を有している。

チェスロボットを例にとって考えてみよう。

音声認識やチェスのプログラムが開発されて、ロボットがチェスで人間と同様に勝負ができたとしても、それはあくまでも「チェス」というきわめて特殊な環境に特化したものである。人間のありとあらゆる活動の中で、チェスという特定の活動に限定した能力にすぎない。

その他にも、例えば人間の筋肉は重量に対して発生する力はきわめて大きく、しかもきわめて柔軟で滑らかな動きが可能である。

野球や柔道などのスポーツを考えてほしい。選手たちは非常にパワフルでかつ柔軟・

滑らかな動きを実現していることが容易に理解できるだろう。

ロボットにおいて、人間の筋肉に相当するのはモーター（アクチュエーター）である。ロボット用モーターにはさまざまな種類があるが、それぞれ一長一短があり、現在の技術では人間の筋肉と同様の動きを実現するのは困難なのである。

つまり、人間のような高度な学習能力と運動能力を持つロボットはまだまだ実現不可能なのである。

以下では、特に人間と同様の学習能力や動作を実現するロボットに焦点を絞って、ノーベル賞受賞の可能性を探ってみよう。

★ロボット工学から人間の神秘を見る

●脳と身体は相互に影響し合う

人間を含む生物は、長い進化の過程で実に巧みに周囲の環境に適応していき、体内のシステムを最適に変化させてきた。

例えば、チーターは草原で獲物を狩るために短距離で最高スピードに達し、ネズミは逆に身体の小型化に徹して小さなスペースに身を隠し、ネズミ算式に子孫を増やす方向性を得た。

また、我々人類は、脳の機能を強化し、腕や指を巧みに使って道具を操作する方向性で生き延びてきた。

このような、進化の過程で習得した生物の特徴は大まかに分けて2つに分類される。

ひとつめは、脳神経による認識や行動原理の獲得である。

人間の場合は、生まれたばかりの赤ちゃんは行動が非常に限られている。しかし、成長するに従い、ハイハイを覚え、転びながらのヨチヨチ歩きから、ついには二足歩行を獲得する。

また、生まれたての赤ちゃんは指による把持などは不可能であるが、興味のあるものを目で追い、腕を動かし、握る動作を繰り返し学習することで、最終的には、目的のものを容易に把持できるようになる。複雑な言語の認識もこれと同様である。

ふたつめは、身体構造の特徴である。キリンの首が長いのは、キリンが高い木の上の葉っぱなどを食べるからであるし、カンガルーの脚はバネのような機構を持っており、きわめて小さいエネルギーで高速な移動が可能となっている。人間の例で言えば、人間の身長や体重などの個人差は大きいが、首や腕の長さの比率は個人ではあまり大きな変化がない。

このような身体比率は、手で掴んだものを眼で見て腕で操作するために、構造上最適な比率となっていると言われている。

このように、それぞれの生物は身体構造が最適な構造をとるように進化してきたのである。

じつは、この脳神経による動作学習と身体構造は相互に影響をしており、どちらか一方では大きな効果が得られない。

少し強引な例えであるが、遠い将来、外科技術が非常に進歩したとして、速く走ることを追究する人物が、自分の首から下をチーターの体に付け替えたとする。

高度な医療により、脳神経や生命機能が、首や身体と連結され、無事にチーター人間に生まれ変わったとしよう。この人面チーターは、普通のチーターのように高速で疾走

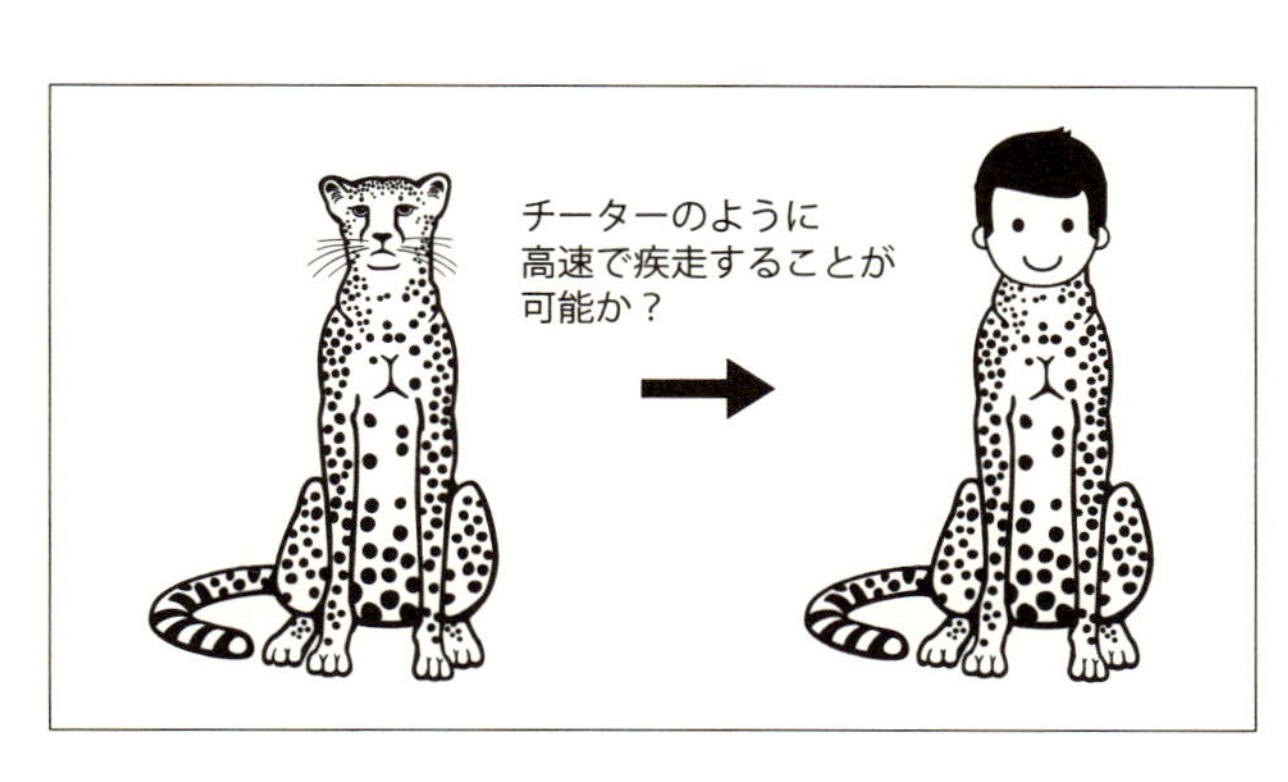

することが可能であろうか？

実際にやったことがないので、想像の域を出ないが、おそらくは不可能であろう。チーターの走行を行う動作パターンなどが、人間の脳には蓄積されていないからである。

同様なことはロボットの開発にも言える。形だけ人間に似ているだけでは駄目で、ハードウェアとソフトウェアが相互に調和しあってこそ、機能的なロボットが完成するのである。

●ロボットの動作学習

先述したように、人間には脳神経による運動学習と身体構造の２つの神秘が存在する。したがって、人間のようなロボットを開発するには、何よりこの２つを研究しなくてはならない。

チーター人間で説明したように、本来この2つは相互に関係している間柄であるが、本章では話を簡単にするためにそれぞれの事例に分けて紹介しよう。

●脳神経による運動学習

初めに、脳神経による運動学習の現状について説明しよう。

人間の運動生成や学習による動作取得の仕組みを解明し、それをロボットに応用すれば、ロボットは人間のような器用で柔軟な運動を手に入れるかもしれない。現在、世界中でそのための研究がなされている。

人間の脳神経の学習を人工的に行う方法として、これまでファジー理論やニューラルネットワーク、強化学習などのさまざまな研究がされてきた。

そして有名な研究者の一人がこの日本にもいる。それがATR（株式会社 国際電気通信基礎技術研究所）脳情報研究所所長・川人光男博士である。

川人光男博士は人間の脳神経の研究を行い、脳の動作学習の原理を研究し、人間の動作学習についていくつかの有力な仮説を提唱してきた。この仮説は現在、川人理論と呼ばれている。

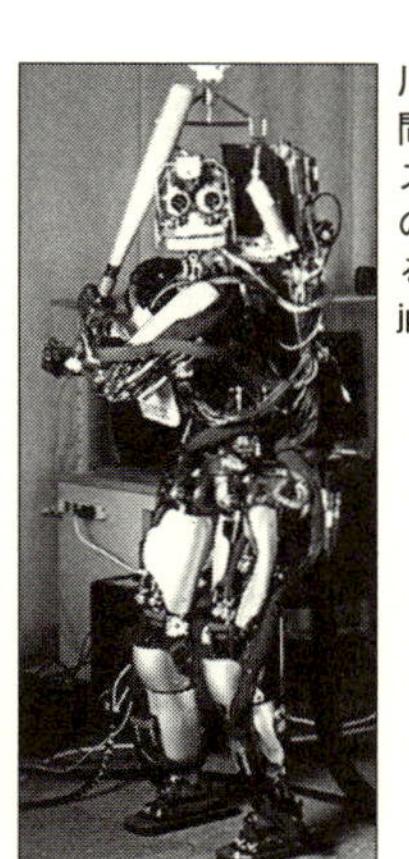

川人博士のヒューマノイドロボット「CB-i」。人間の脳神経を分析して得られた動作学習アルゴリズムを有する。人間の動きを見て真似たり、サルの脳とリンクして二足歩行をすることも可能である。（「robonable」ニュース（http://www.robonable.jp/regulations/index.html）より引用）

川人博士は自分で確立したこれらの理論を用いて、ヒューマノイドロボットに人間の動作を学習させ、ジャグリングやキャッチボールなどのナチュラルな運動生成を実現させることに成功している。

●ロボットの受動歩行

次は、人間の身体構造の解明について、ロボット工学の視点からの研究例を紹介しよう。

ロボット分野において、効率的な二足歩行を実現することは重要なテーマのひとつである。

二足歩行をする代表的な生物はもちろん人間であるが、その人間の持つ歩行原理を解明することがロボットの効率的な二足歩行の実現に結びつく。

１９９０年、アメリカで行われた国際学会

で、マクギア博士により衝撃的な研究発表が行われた。

博士は左ページのように、リンク（金属棒）に関節を組み合わせた下半身だけのシンプルな模型を作った。この模型には、センサーも入っていなければ、関節を駆動させるモーターも入っていない。ただし、関節は十分滑らかに動く。

上から持ち上げればプランプランと関節が動く。脚は3本あるが、外側の2つの脚は同期して動くことから、内側の脚と外側の脚とで、疑似的に2本の脚とみなせる。

この模型を坂道に置き、タイミングよく押し出すと、なんと、勝手に二足歩行を行い、坂道を下りだすのである。

センサーもモーターも搭載されていない、単に金属棒を関節で繋げただけのシンプルな構造の模型にもかかわらず、複雑な運動とされている二足歩行を行うのである。※2

これは、坂道の重力による位置エネルギーを、歩行という運動エネルギーに変換しているのである。

自分で積極的に運動しているわけでなく、外部からの位置エネルギーを得て受動的に歩行するため、このような歩行を受動歩行という。

皆さんも、こんな体験がないだろうか？

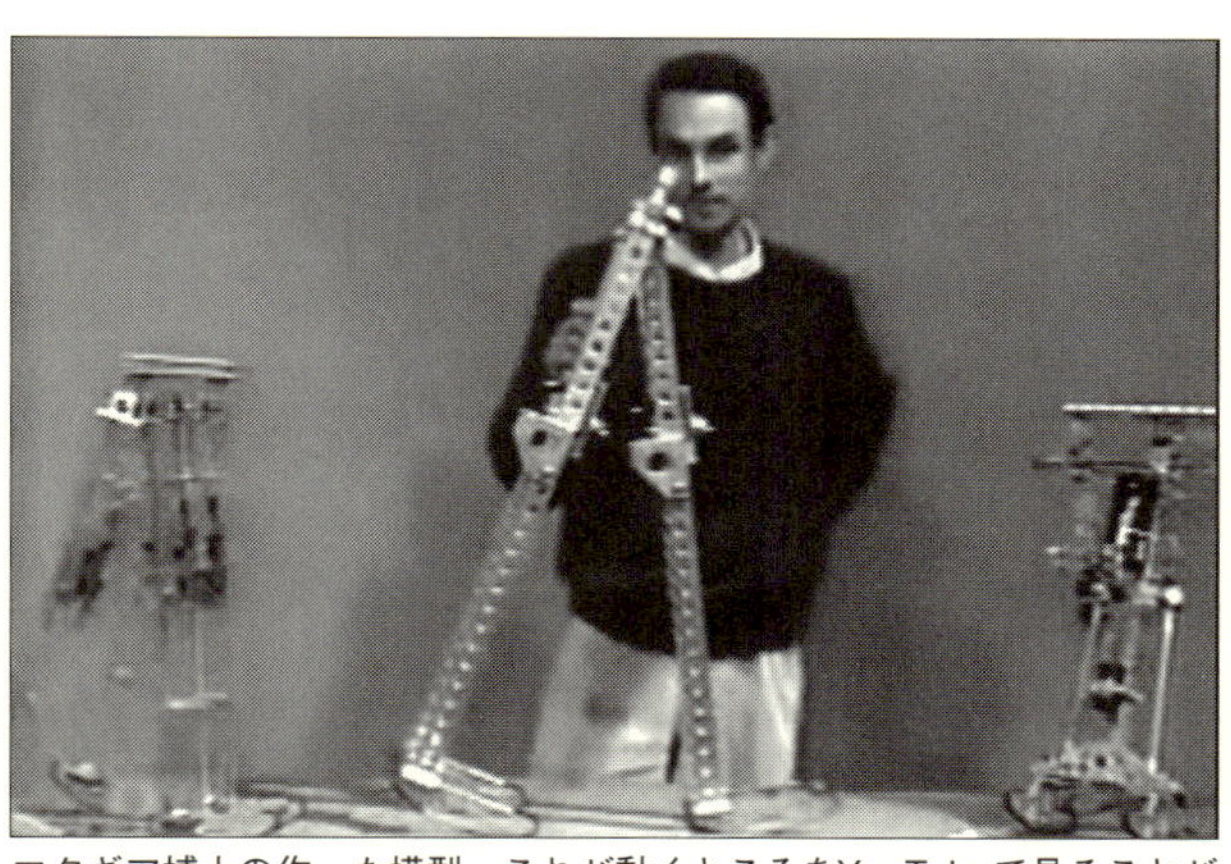

マクギア博士の作った模型。これが動くところをYouTubeで見ることができる。（https://www.youtube.com/watch?v=WOPED7I5Lacより引用）

スポーツなどを思いっきりやって、歩くのも困難なくらいヘトヘトになった時、坂道を下ることになった。

この時、脚に力が入らないのだが、勝手に脚が前後に動き、力をほとんど入れていないのにも関わらず、坂道を下ることができる。これが受動歩行である。

これは人間の身体構造がそもそも二足歩行に最適化されていることを示唆している。

ロボット工学の研究者の中には、このような受動歩行をより厳密に解明し、積極的にロボットに実装すべく研究している人がいる。

例えば、名古屋工業大学の佐野明人教授などは非常にさかんに受動歩行を研究している一人である。

将来、受動歩行のメカニズムがより詳細に解明されれば、人間の歩行原理がより明らかになり、人間のような柔軟な歩行や走行が可能なロボットが登場するかもしれない。これが実現すれば、単にロボットだけでなく、義足などの開発にも拍車がかかる。

●受賞のための標準的な方法

このように、人間の身体や脳の神秘を解明し、人間に非常に近い運動を実現するロボットを作り上げることができれば、ノーベル賞を受賞できるかもしれない。分野で言えば、ノーベル物理学賞もしくはノーベル生理学・医学賞の分野であろうか。

では、読者がノーベル賞をとるにはどのようにしたらよいのか?

スタンダードな方法としては、やはり、国内外の大学や大学院で、人間の行動原理をロボット工学的に解析している研究室に進学するのが一番であろう。その後、研究機関に所属するのである。

世界にはさまざまな有名な研究所があるが、日本の場合であれば、前出のATRや理研（理化学研究所）、産総研（産業技術総合研究所）などの研究員になるか、大学の教員になり自分で研究室を立ち上げるのがもっとも標準的な道のりである。

しかし、そんな面倒なことをしたくないという読者も存在するだろう。そんな場合はどうすればいいだろうか？

ここは、自分自身で研究所を立ち上げてみよう。研究所を立ち上げ、専門の研究スタッフを雇うのである。

この方法はお金がかかるが、優秀なスタッフを雇い入れることができれば、少なくともスタートラインには立てる。研究所を社団法人や公益法人として登録すればネームバリューも格段にアップし、優秀な研究者を雇うことが容易になるだろう。

ロボット工学による人間の学習・運動原理の解明！

これができればノーベル賞!!

★平和賞の受賞を考えてみる

●思い切ってノーベル平和章を狙ってみる

以上がロボット関連でノーベル賞をとるための標準的な戦略であるが、ここで思い切って戦略を変えてみよう。

近年では軍事ロボットがさかんに開発されている。無人爆撃機や無人偵察機、自動で敵兵を狙撃する戦車タイプのものをはじめ、米軍で開発されているロボドッグなどが有名である。非常に残念ではあるが、このようなロボット兵器は、現在実戦配備されつつある。

しかし、逆にロボットを平和利用しようとする動きもある。そのひとつが対人地雷用の地雷撤去ロボットである。

対人地雷はご存じのように、地面に埋めて、人間が踏むことで爆発する兵器である。殺傷力は他の武器に比べて低いが、1つあたり100円から数百円程度のコストであることから、非常にコストパフォーマンスの高い武器として、世界中で使用されてきた。

少し古いデータであるが、2002年に発売された本『地雷撲滅をめざす技術』（下井信浩著・森北出版）によると、世界にはおおよそ7000万個～1億個程度の地雷が敷設されており、約20分に1度の割合で対人地雷の被害者が出ていると紹介されている。

2001年に起こった同時多発テロ以降、この十数年、世界の紛争は拡大する一方であるから、現在はもっと多くの地雷が敷設されていると考えるのが妥当であろう。


対人地雷は、敵兵にばれないように埋めるために、見つけることが困難である。最近ではプラスチック製などが増えたが、これらは金属探知機では反応しないために、地雷撤去をより困難なものにしている。

しかも、一度埋めると長期にわたり兵器として利用できるため、紛争が終わって平和となった地域でも、過去に埋められた不要な地雷を一般人が踏み、犠牲になる事故が問題となっている。

したがって、地雷が埋められている土地は、紛争終了後も農業などに利用できない。

このような事態に対し、各国では不要な地雷を撤去する作業が行われている。しかしながら、地雷は埋められている場所が正確に特定できないため、多くの場合は熟練者が手作業で回収している。回収している時に暴発する危険もあるため、作業者は死と隣り合わせであり、相当なストレスの中で作業をする必要がある。

このような状況であるから、回収できる数には限界があるのが現状である。

そこで、人道的な立場から、安全に効率的に地雷を撤去するため開発されているのが地雷撤去ロボットである。

小型の多足歩行ロボットならば、細い山道や森林の中でも移動可能であり、万が一、回収作業中に地雷が爆発しても人的被害はきわめて少ない。

日本では、東京工業大学や千葉大学などが地雷撤去ロボットを研究開発している。実際にいくつかのロボットは過去の紛争地帯に行き、現地での性能評価も行っている。

特に、東京工業大学の名誉教授である広瀬茂男博士が開発した地雷撤去ロボットは有名である。広瀬茂男博士はフィールドロボットの第一人者であり世界的な権威でもある。

このような地雷撤去ロボットは、実用化までにはもう少し時間がかかりそうではあるが、着実に進歩している。地雷撤去ロボットを開発し、実際に世界の不要な地雷を人道的立場から効率よく撤去していけば、ノーベル平和賞を狙えるかもしれない。

地雷撤去ロボットは、『機動戦士ガンダム』に登場するアムロ・レイのような少し手先の器用な人ならば、最低限の材料費で開発可能である。

現在は高性能の制御用のコンピュータが数万円以内で手に入る。また、安価な３Ｄプリンタなども発売されている。モーター、センサーを入れても数十万～百万円程度で高性能のロボットを自作することも可能だ。

東京工業大学の地雷撤去ロボット・TITAN9号機プロトタイプ。手先にハンドが装着され、地雷の探索作業ができるようになっている。（http://www.miraikan.jst.go.jp/sp/deep_science/topics/05/pop_01.htmlより引用）

本物の地雷は手に入りにくいが、信管・爆薬の抜いたものやイミテーション（模型）なら、インターネット通販や秋葉原などのミリタリーショップで手に入るだろう。

そして、会社を起こし地雷撤去ロボットを完成させ、疑似地雷を用いて撤去作業のデモンストレーションを行えばよい。

会社を起こせば、政府から補助金がもらえる可能性が高くなる。それを元手にさらに完成度を高め、東京ドームで毎年行われる国際ロボット展などに出展して広報活動を行う。さらに、自衛隊や海外の軍事会社などと共同研究を行うなどの実績を積めば、実際に本物の地雷を撤去に行くチャンスが巡ってくるかもしれない。

そのようなチャンスをものにして、世界中に埋められている地雷を撤去しまくれば、ノーベル平和賞の候補となるかもしれない。

地雷撤去ロボットを開発して、世界中の不要地雷を撤去する！

これができればノーベル平和賞!!

★文学賞はどうか

●こうなったら手段は選ばない

しかし、そんなお金も技術もない場合はどうしたらよいだろうか？

ここは一か八かのノーベル文学賞を狙ってみるのも手である。

ロボット工学に没頭する研究者を主人公として、夢と挫折を小説として昇華させ、一人の人間の生きざまを世界に示すのである。もしくは純朴な少年とヒューマノイドロボット少女との少しシュールな恋愛小説などはどうであろうか？

タイトルは１９６８年にアメリカで発表されたＳＦ小説『アンドロイドは電気羊の夢を見るか？』をパクり、「ロボットはノーベル賞の夢を見るか？」でどうだろうか？　少し変化球気味の作戦であるが、それは仕方あるまい。

最近では、インターネットに接続できるＰＣさえあれば、電子書籍ならば簡単に出版が可能だ。うまくいけば、文学賞受賞の対象となる可能性はある。

ようはノーベル文学賞の審査基準である「文学において理念をもって創作し、もっとも傑出した作品を創作」すればよいのである。

ロボットを題材にした文学！

もしかしたらノーベル文学賞!!

【注釈】

1・ただし、今の設定では22世紀の未来からやってきたことになっている。

2・この場合、左右のバランスに関しては、外側の2本の脚が同期して同時に動いているため、バランスは自動的にとられている。

8章

【莫大なエネルギーを生む】

常温で核融合を実現する

【受賞期待度】★★

★世界のエネルギー問題を一気に解決できる？

●従来の化学反応

常温核融合……どこかで聞いたことがあるような、ないような……。

読者は、「『核』と書いてあるからには、原子力発電か何か？」などと思うかもしれない。

確かに、もしも常温核融合が実用化されれば、世界のエネルギー問題を一気に解決できる可能性がある。

常温核融合とはいったい何か？

本章ではその謎に迫り、ノーベル賞受賞の可能性について考えてみよう。

通常の物質の化学反応、例えば石油が燃焼する場合には、石油の炭素成分が酸素と化合して熱を発生し、二酸化炭素を排出する。

火力発電ではこの発生した熱により、水を沸騰させ蒸気をタービンに当てることで発電機のタービンを回転させ、電力を生成している。

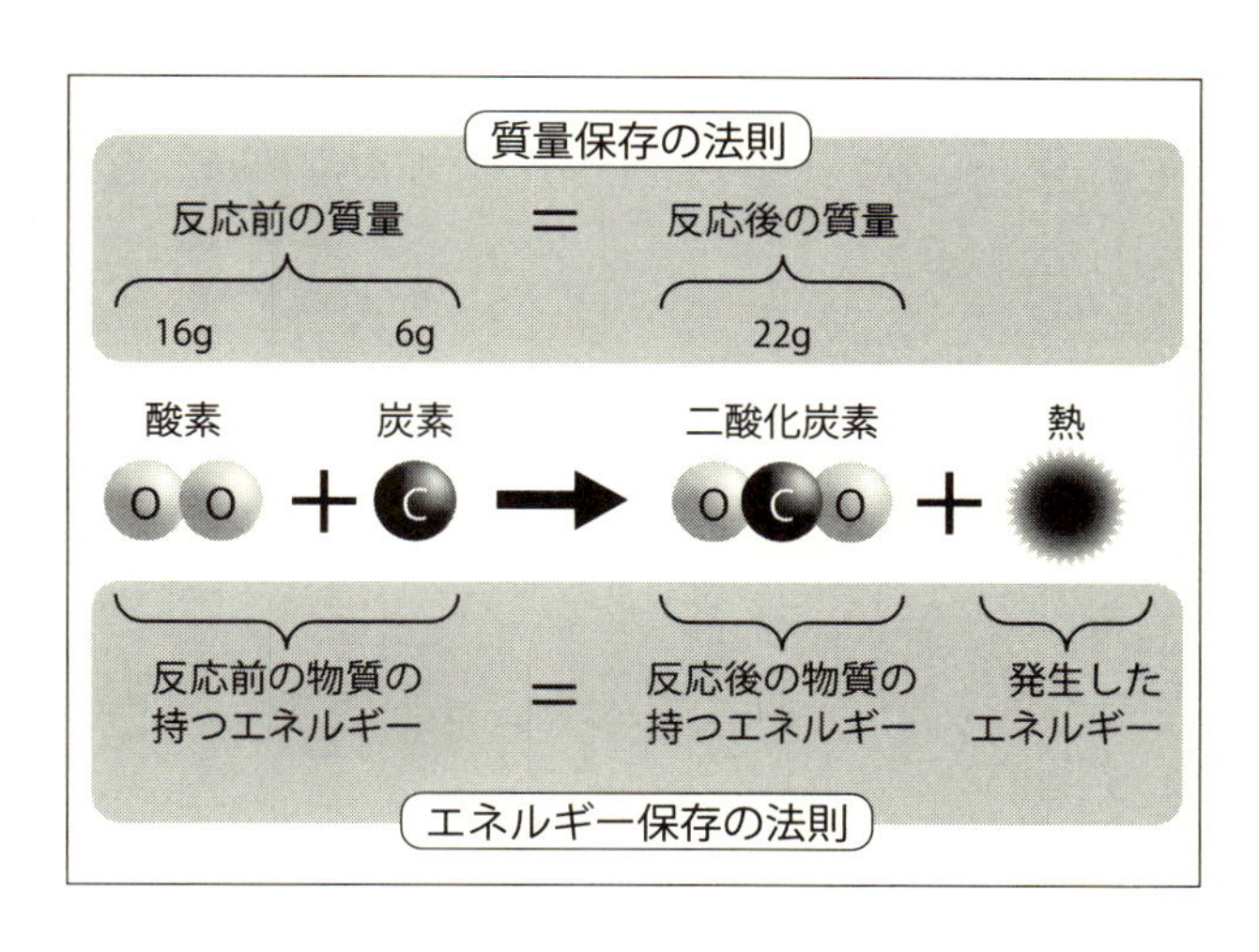

人間の場合は、食事によって体内に取り込んだ炭素成分（炭水化物など）を呼吸で取り込んだ酸素と結合することで、熱や運動エネルギーが発生し、その結果の燃えカスとして二酸化炭素を排出する。

このような化学反応では、反応の前後で全体の質量は変化しない。[※1] これを質量保存の法則という。

同様に、この化学反応をエネルギーという面から見ると、反応の前後で物体の持つ総エネルギーは変化しない。

つまり、反応前の物質が持つ固有のエネルギーと、反応後に作られる物質が持つ固有のエネルギーの差である。

これをエネルギー保存の法則という。

●従来の法則が通用しない世界

しかし、1921年にノーベル物理学賞を受賞したあのアインシュタイン博士が、特殊相対性理論の中でとんでもないことを証明したのである。

それが次の式である。

$$E=MC^2$$

ここで、Eはエネルギー、Mは物質の質量、Cは光速である。

簡単に言えば、この式は、物質の質量が消滅すると、質量Mに対し、MC^2のエネルギーが発生することを意味する。

ポイントはCが光速であることである。光速とは秒速3000,000,000メートルということなので、数値が大きい。しかも右の式のようにこの2乗の数値になるのである。

例えば、1キログラムの物質が完全に消滅すれば、実に90,000,000,000,000,

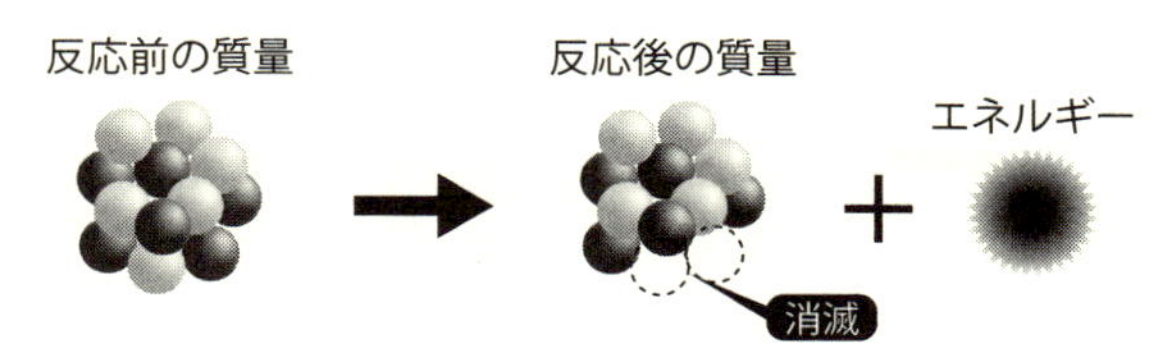

000,000ジュールのエネルギーを生成する。

　これと同じエネルギーをガソリンで生成するには、約1,700,000,000トンものガソリンが必要となる[※2]。いかに膨大なエネルギーを生成できるか、数字を見れば分かってもらえると思う。

　これが核反応から発生する核エネルギー（原子力エネルギー）の基本概念である。

　この時、物質そのものが消滅するので、質量保存の法則は適応されない。ただし、エネルギー保存の法則は成立する。

　この膨大なエネルギーを兵器として利用したものの代表例が核爆弾（原子爆弾）であり、一方で発電に利用した代表例が原子力発電である。

　この核反応に関する研究は素粒子・量子力学に非常に関連性があり、ノーベル賞が創設された

１９０１年からノーベル物理学賞の受賞者が数多く出ている分野である。

特に、１９００年代初頭は核反応に関連した現象が発見され始めた時代でもあるため、初回から50年間のノーベル物理学賞は、そのほとんどが少なからず核反応に近い分野の研究テーマである。

★核分裂と核融合

●核分裂の仕組み

核エネルギーを生成する核反応は、大まかに分類して２つのタイプが存在する。それが、核分裂と核融合である。これらの違いについて簡単に説明しておく。

最初に核分裂を説明しよう。

例えば、ウラン２３５という物質に高速で中性子をぶつけると、複数の異なる原子に

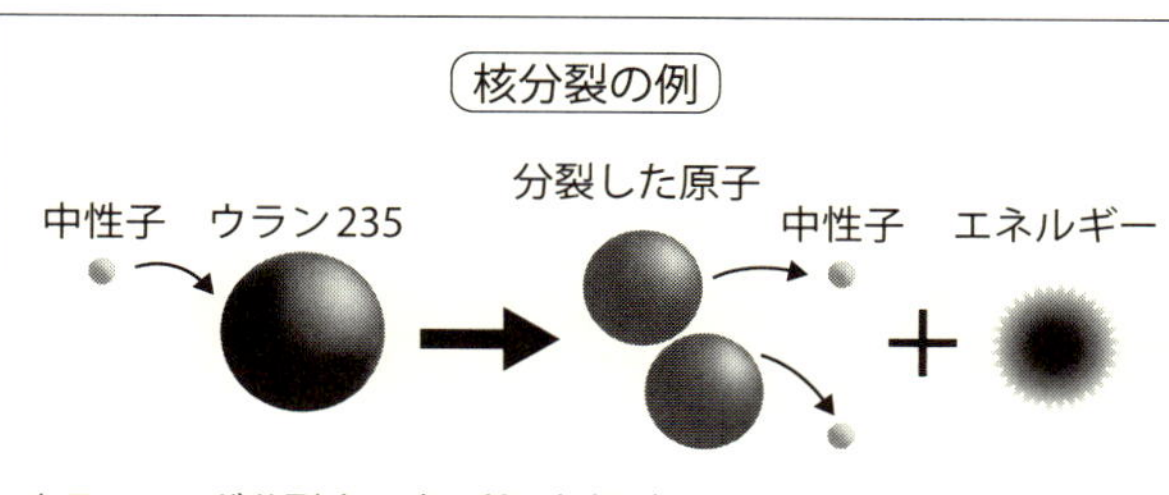

分裂し[※3]、同時に中性子を2~3個吐き出す。この反応の際に質量欠損が生じ、核エネルギーが発生する。

しかも、吐き出した中性子が他のウラン235にぶつかり、連鎖的に分裂反応を起こしていく。この分裂の際に燃えカスとして放射線物質が生成される。

このような核分裂は連鎖的に起こるため、一度連鎖反応が起こるとコントロールが難しい。

原子爆弾の場合は、連鎖反応を開始させればそれで終わりであるため、コントロールそのものがあまり必要ない。しかし、原子力発電として利用する場合には、この連鎖反応をコントロールする必要がある。

もし何らかの原因でコントロールが不能になると、核は勝手に分裂反応を繰り返し、最悪の場合は、原子炉が溶解・爆発を起こすなどして、放射線物質を周囲に大量にまき散らす。

実際に東日本大震災では、福島第一原子力発電所が地

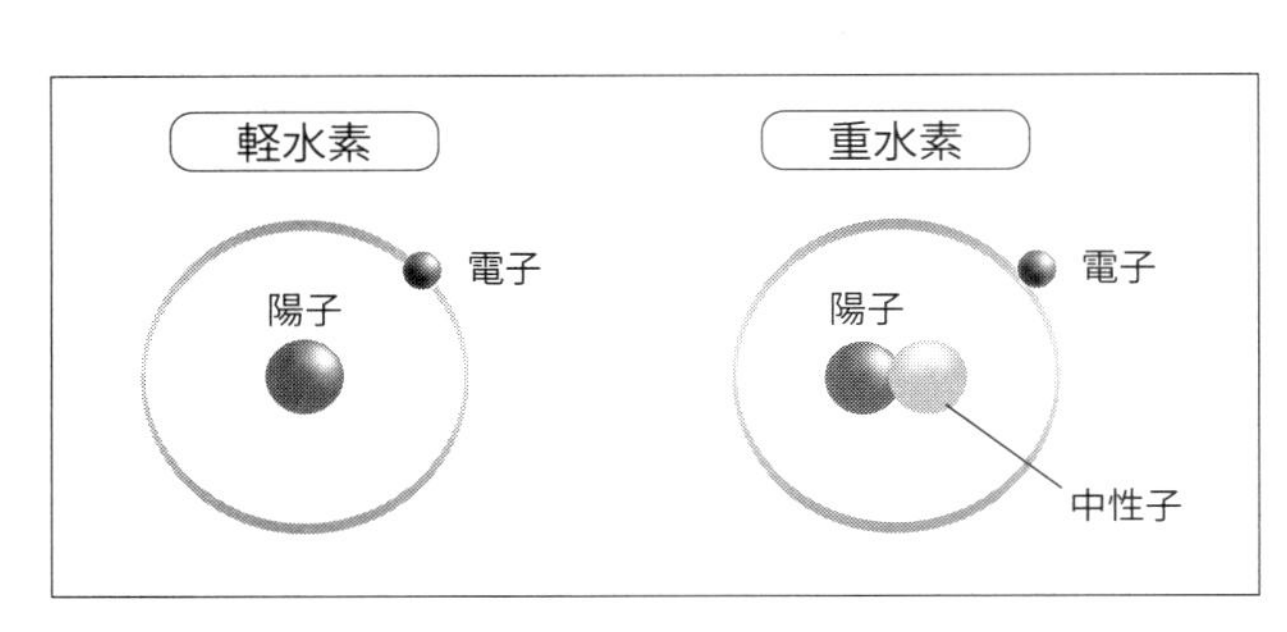

震や津波によりコントロールを失って、深刻な事故を起こしている。したがって、核分裂を用いた発電には大きな代償をともなうことがある。

●核融合の仕組み

一方、核融合では核分裂と異なり、2つ以上の物質を融合することで質量欠損を生じさせる方法である。

ここでは、ポピュラーな水素の同位体を用いたものを紹介しよう。

水素原子は、原子核の周りを1個の電子が回っている。原子核には陽子が1個存在する。

どの水素も電子と陽子の数は変わりがないのだが、まれに原子核に1個の中性子を持つ水素原子が存在する。このようなものを同位体という。

核融合の例

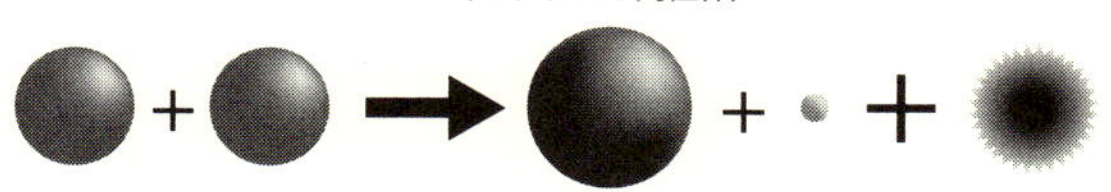

2つの重水素が融合する時に質量欠損が生じ、エネルギーが生まれる
※6

一言に水素原子と言っても、中性子を持つもの、中性子をまったく持っていないものが存在するのである。[※4]

電子は非常に軽いため、水素原子の重さを決定するのは、中性子の数である。簡単に言えば、中性子のない水素原子の重さを1とすれば、中性子があるものは2倍の重さを持つ。そこで、中性子のない水素原子を軽水素、中性子があるものを重水素と呼ぶ。[※5]

核融合では、この重水素を非常な高温で圧縮して反応させることで、2つの原子を別の原子と融合させて質量欠損を生じさせる。例としては上記のような「D‐D反応」と呼ばれるものがある。

この核融合は、1回の反応での質量欠損が大きく、核分裂に比べて大きなエネルギーを取り出せるのが特徴である。

また、重水素は自然界に多く存在し、多少のコストをかければ、無限ともいえる海水からの抽出が可能である。しかも、核分裂に比べて放射能汚染が少なく、クリーンな核と言われている。

ただし、大きな問題がある。それは、核融合の反応炉を極度の高温・高圧にも耐えられるように作る必要があることである。

比較的低温で反応させる場合でも、少なくとも摂氏４０００万度にする必要がある。残念ながら、摂氏４０００万度の高温に耐えうるような炉は実用化に至っていない。高温すぎて炉が溶解してしまうからである。

太陽が光り輝いているのは、核融合が内部で起こっているからであるが、太陽は重力が大きいため、自然に内部が高温高圧になり、勝手に核融合が始まるのである。


ちなみに、この核融合反応を使ったのが水素爆弾である。

水素爆弾は、重水素の周りを核分裂型の原子爆弾で覆い、原子爆弾を爆発させ、その破壊力で内部を高温高圧にして核融合反応を起こさせる。これによって、核分裂型の原子爆弾より、より巨大な破壊力を手に入れることができる。

広島・長崎に投下された原子力爆弾は1発でそれぞれの街を破壊したが、もし水素爆弾が東京に落ちれば、関東平野が壊滅するとも言われている。

★常温核融合はかつて成功した？

●高名な学者による成功発表

核融合は、取り出せるエネルギーが非常に大きく、必要な原料も水中にたくさん存在する。もし、この核融合エネルギーを利用して原子力発電の実用化までこぎつけることができれば、世界のエネルギー問題を一気に解決できる可能性もある。

しかし最大の問題は、先述したように、高温高圧に耐えうる反応炉が実用化に至っていない点である。この問題を解決するために、世界中のあちこちでは、最先端の物理学者達が莫大な研究費を使い、反応炉の実用化に向けて日々研究を重ねている。

ところがである！

1989年3月、アメリカのユタ大学のポンズ博士とイギリスのサウサンプトン大学のフライシュマン博士が驚くべき発表をした。

それは、どこにでもあるような高校の理科室のような場所で、室温常圧で、試験管を使って核融合反応を成功させたという発表であった。

今までの核融合反応は、たとえ研究レベルであっても、高価で頑丈な施設の中で実験されていた。しかも、実用化レベルの反応炉は開発されていない。そんな核融合が、試験管を使って、理科室のような場所で成功したのである。

ポンズ博士とフライシュマン博士が発表した核融合は、まさにそれまでの常識を根本から覆す大偉業であった。従来の高温高圧な反応炉を必要とせず、室温での核融合であるので、これを常温核融合と呼ぶのである。


ポンズ博士とフライシュマン博士は、核エネルギーの専門家ではなかった。しかし、フライシュマン博士は国際電気化学学会の理事長を務めた、地位も名誉も業績もずば抜けている超大物学者である。その辺の、どこの馬の骨とも分からない研究者とはまったく違う。したがって彼らの、常識を覆すような発表も、かなり信憑性が高いと思われた。

彼らの核融合の方法は、従来の方法とはまったく異なっていた。

試験管に重水（重水素から作られる水）を入れ、その中に二極の電極を入れる。バッテリーから電極に電気を流し、重水を電気分解するだけという、とにかく非常にシンプルな実験装置である。

シンプルな方法であるが、彼らの主張では、通常の電気分解では考えられないような熱量が発生し、場合によっては試験管が溶解するような場合もあったという。そして、彼らはこのような不明な熱発生が核融合によるものだと結論づけたのだった。

中学校の理科で習うように、通常の水に電気を流すと、水は電気分解され、それぞれの電極から酸素分子と水素分子が発生する。まさに、水を重水に換えるだけの、中学校の理科の実験室で行われているレベルの手軽さなのである。

そして、彼ら2人とほぼ時を同じくして、アメリカのブリガムヤング大学のジョーンズ教授の研究チー

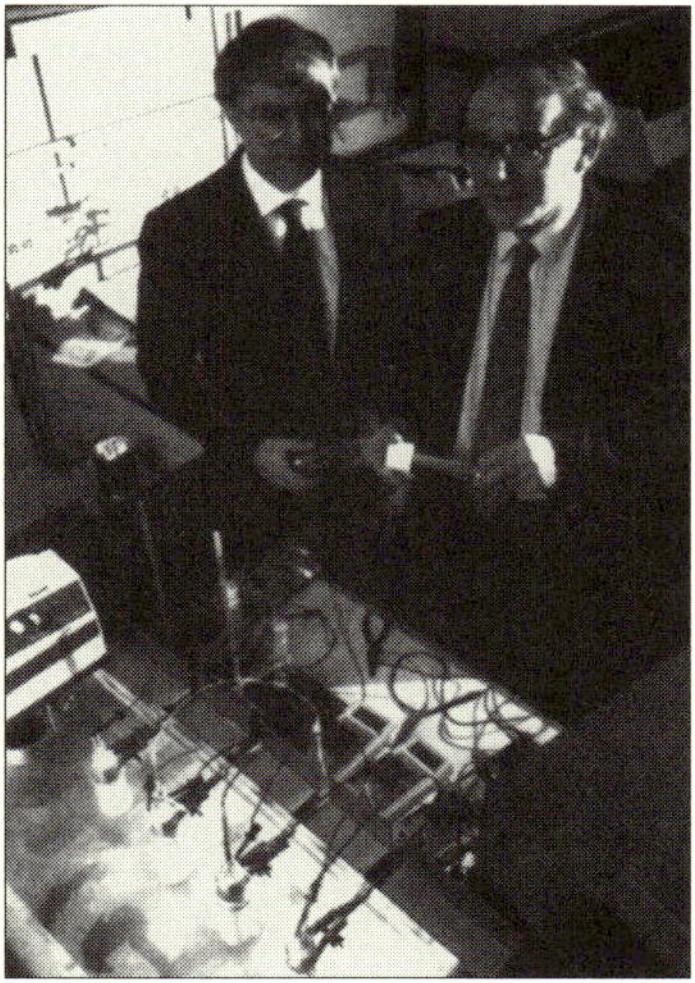

左下が試験管。人物は左がポンズ博士、右がフライシュマン博士。（J.R.ホイジンガ著『常温核融合の真実』（化学同人発行）より引用

ムも同様の常温核融合に成功したと発表した。

こうして、夢の常温核融合の成功が報じられると、世界の多くの研究者が我先にと追従実験に取り組んだのである。

今までに核融合を専門とする物理学者が何十年もかけ、巨額の研究費を費やして目指してきたものが、こんな中学の理科レベルの行為で成功したのである。

この常温核融合のニュースは瞬く間に世界に広がり、常温核融合フィーバーともいえる現象が起こった。著者の世代で言えば、ガンプラブームやたまごっちブーム、2015年現在で言えば、妖怪ウォッチブームと似ている。

そして、世界各地で検証実験がなされ、ある者は「成功した」と言い、ある者は失敗し、「彼らが言う常温核融合など存在しなかった」と言うなど、情報が錯綜したのだった。

●ブームは到来したものの……

特に問題だったのが、ポンズ博士とフライシュマン博士が発表した記者会見や論文には、詳細な実験方法が記載されていなかった点である。

一般にこの手の発表では、特許などの利権がからんでいるため、詳細まで報告しないことは多い。もし、詳細な実験方法を公開することになれば、その手軽さから世界の誰もが常温核融合に成功することになり、ポンズ博士とフライシュマン博士には何の利益ももたらさないからである。

一方、細かいことはあえてベールに包み、実用化までこぎつければ、特許などのさまざまな利権が2人に入ってくる。だから、他の研究者が追従実験したくても、細かい実験状況は想像するしかなかった。

それでも、もし彼ら2人の方法をアレンジして実用化の道を開くことができれば、エネルギー問題を解決できるという「旨み」は大きいため、各国が大きな予算を付けて、このプロジェクトを支援した。

そうして世界の多くの研究者がチャレンジしたが、残念ながら常温核融合に完全に成功したという確固たる結果を得られないまま、ブームは過ぎ去り、常温核融合の研究は急速に縮小していった。

ポンズ博士とフライシュマン博士の発表内容は、単なる思い込みや勘違い、偽造などとささやかれ始め、今日では多くの研究者が彼らの出した結果に懐疑的な意見を持つに至っている。

★常温核融合の現在とノーベル賞への道

●困難に立ち向かう漢たち

しかし！　しかしである!!

常温核融合は死に絶えていなかった!!

今も細々とではあるが常温核融合に立ち向かっていく漢達が存在するのである。

例えば、日本国内で言えば、常温核融合の第一人者であり、実用化へのチャレンジをしている水野忠彦博士、国際常温核融合学会の理事である高橋亮人博士などである。

科学の世界では、「できる」ことを証明するのは容易であるが、「できない」ことを証明するのは不可能な場合が多い。

前者の場合は、信憑性の高い、誰もが成功する方法を提示し、たった1回成功することで証明ができる。一方、後者ではさまざまな方法がある場合、実験方法、材料の成分や調合度合を無限に変えてすべての方法を試す必要がある。しかし、そんなことは実際には不可能である。仮に今考えられ得るすべての方法を試したとしても、未来には新しい方法が発見されるかもしれない。

研究者の中には、むしろこのような困難な研究にこそ、魂を燃やし、探求心をくすぐられる、前田慶次のような人たちがいるのである。

誰でもできることを研究してもあまり意味がない！　困難な研究を成し遂げてこそ「傾奇者（かぶきもの）」や「いくさ人」なのである。

そもそも、ノーベル賞とは、誰にでもできる研究をした人物に与えられるものではない。その時代に不可能と思われたことにチャレンジし、人類に最大の貢献をした人物のみに与えられる賞なのだ！

世界に散らばり今も孤高な戦いを続けている研究者によって、近い将来新しい発見があり、次世代の常温核融合が実現できる可能性は十分あるのである。

期待度は星2つであるが、個人的には私は、そんな崇高ないくさ人が、常温核融合の実用化に成功し、ノーベル賞をとることを願ってやまない。そしてもし、本書の読者が常温核融合の魅力に目覚め、研究者の道を志し、実用化に成功してノーベル賞を受賞したのならば、筆者にとってこれほどの喜びはないであろう。

常温核融合！

これができればノーベル賞!!

【注釈】

1・質量を解説すると長くなるので、ここでは質量≒重さと考えてもらっても差し支えない。ただし厳密には両者は違う。特に理系の人は注意。

2・1リットルのガソリンが750グラムとして計算。ガソリン1リットルが燃焼することで発生するエネルギーを4万ジュールとする。一方、物質が消滅してエネルギーに変換される場合では、物質1キログラムの消滅で発生するエネルギーは9×10^{16}ジュール、これをガソリンの燃焼により発生させるとすると、2・3×10^{12}リットルが必要となる。これは1・7×10^{9}トンに相当する。

3・分裂する物質は確率的にいくつかの種類になる。

4・厳密に言えばもっと多くの中性子を持つ水素原子も存在する。中性子6個を持つ水素7も確認されている。特に核融合では2つの中性子を持つ三重水素を使うことも多いが、本書では割愛する。

5・重水素はデューテリウム（記号D）、三重水素はトリチウム（記号T）などとも呼ばれる。

6・トリチウム1つ＋陽子1つが生成される場合もある。

9章

常温で超伝導を実現する

【超省エネ時代が到来する?】

【受賞期待度】★★★

★超伝導とは何か？

●発熱によってエネルギーロスが生じる

常温核融合の次は、「常温」続きで常温超伝導の話をしようと思う。そもそも超伝導という言葉自体、なにか謎めいた響きがある。超電動とはいったい何のことであろうか？　まずは、その超伝導について解説していこう。

超伝導は1911年にオランダの物理学者オネス博士によって発見された現象であり、オネス博士はこの発見により1913年にノーベル物理学賞を受賞している。

超伝導の特性はいくつか存在するが、電気抵抗に関する現象が有名である。そこで初めにこの電気抵抗の話をしよう。

中学校の理科で習ったように、〝電気抵抗〟を図のような直列回路に取り付け、電圧をかけると電流が生じる。ここでいう電気抵抗とは、左図の装置の上部分のことである。

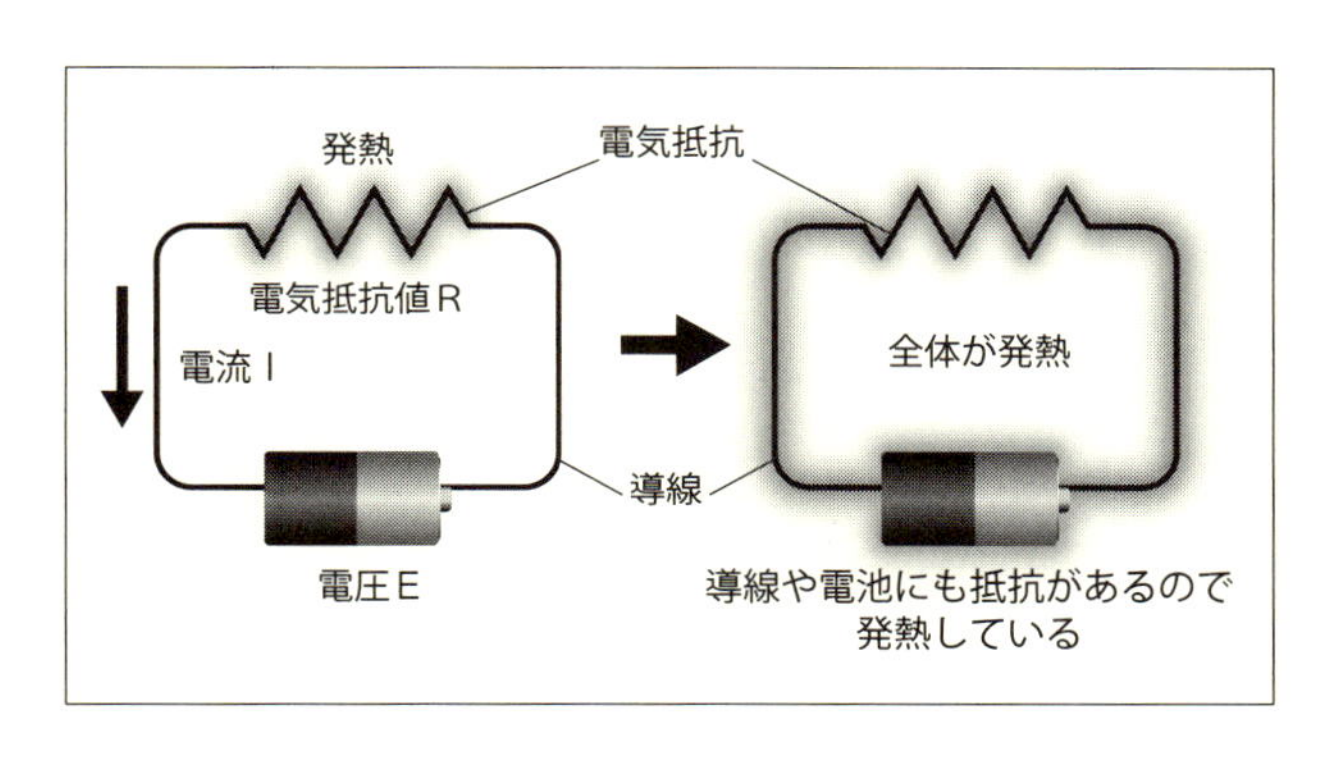

電流と電圧の関係は、オームの法則から次のように表現される。

$$E = RI$$

Ｅはかかる電圧、Ｒは電気抵抗値、Ｉは流れる電流である。

上図の電気回路に電流を流し続けると、抵抗は電気の流れにより発熱し、電池は消耗する。

つまり、電池の持つ電気エネルギーが、電気抵抗の発熱によって熱エネルギーに変換されるのである。

昔の電気ストーブや電気コンロは、この現象を利用した家電である。

じつはこの時、導線（電気を流すケーブル）も少なからず電気抵抗値を持っている。だから、実際に発熱するのは電気抵抗だけでなく、導線も発熱する。

仮に、抵抗の代わりに電気モーターを取り付けたとしよう。

この場合でも、導線やモーター内部のコイルが持つわずかな電気抵抗値のために、回路やモーター自身が発熱する。

この発熱は、本来は不要のものである。電池のエネルギーがモーターの回転だけでなく、不要な熱エネルギーに消費され、エネルギーロスとなるからである。

モーターの場合には、コイルの発熱が大きすぎると、コイル自身が高温になり、焼き切れることがある。そうなれば、単にエネルギーロスという話だけでなく、モーターはお釈迦となる。

このような現象は、なにもモーターだけの話でなく、読者の皆さんが使うコンピュータやスマートフォンでも同様である。精密機器の集積回路は高温に弱く、温度が上昇すると動作が不安定になり、時として熱暴走を起こす。したがって、発熱そのものが少ない回路を作ることがひとつのポイントとなる。

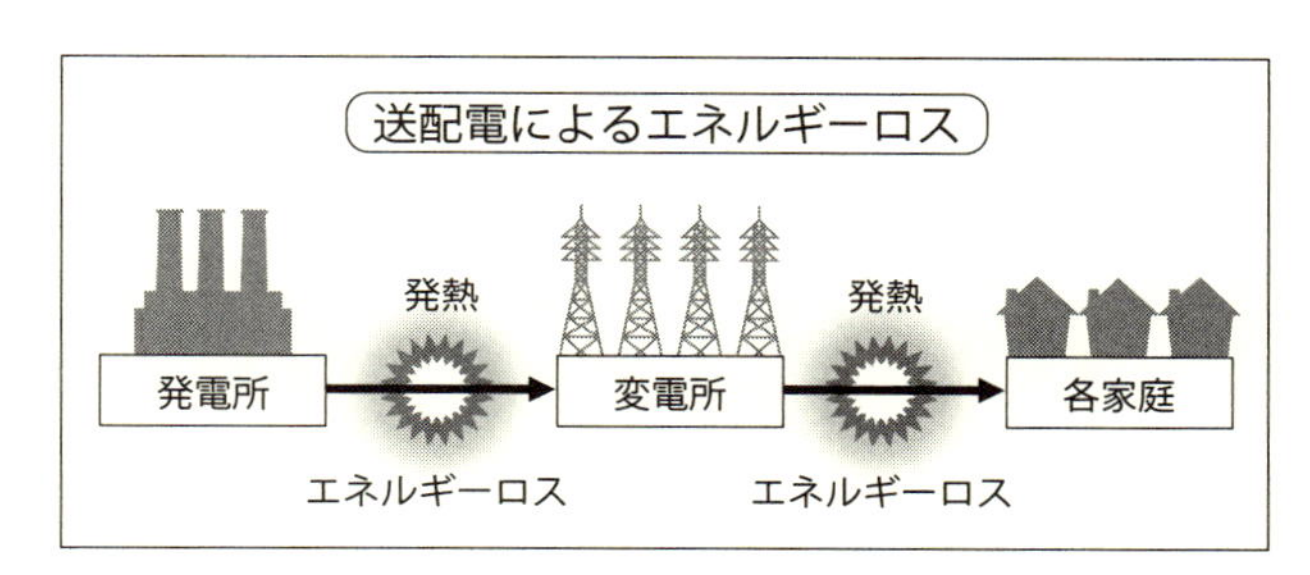

●発電にはロスが多い

ここで、エネルギーロスの現象について、視野を広げて見てみよう。

我々が消費する電気は、発電所で発電され、電線を伝わって変電所に伝わり、電圧変換されて電線で各家庭に供給されている。

注目したいのは、電線にも電気抵抗が存在し、電力供給の際に発熱するため、無駄な熱エネルギーを消費することである。

せっかく発電所で電気を作っても、各家庭に送電する際に、無駄にエネルギーを浪費しているのである。これを送配電ロスという。

発電所で作られる総電力のうち、送配電ロスは、先進国で5％程度、発展途上国では20～50％程度である。なんと、発電した電力の半分が無駄になっている国もある。先進国の方がエネルギーロス率が低いのは、よりロスの少ない最先端の素材を用いた電線を導入できているからであろう。

●冷やすと現れる超伝導現象

さて、超伝導の話に戻ろう。

ノーベル物理学賞を受賞したオネス博士は、かねてから超低温時における物理現象に興味があり、研究していた。

物体は原子で構成されるが、通常、原子は常に複雑に振動している。この振動のことを熱振動という。

物体の温度が高くなれば激しく振動し、低くなれば振動は弱まる。つまり、物体の持つ温度というのは、この熱振動の激しさで決定されるということである。

逆に言えば、温度が低くなると原子の振動はどんどん小さくなっていく。そして、摂氏約マイナス273度の時、原子の熱振動は完全に停止する。これを絶対零度という。これ以下の低い温度は絶対に存在しない。

たまにアニメや特撮で出てくるマイナス1000度とかマイナス1万度という温度は、

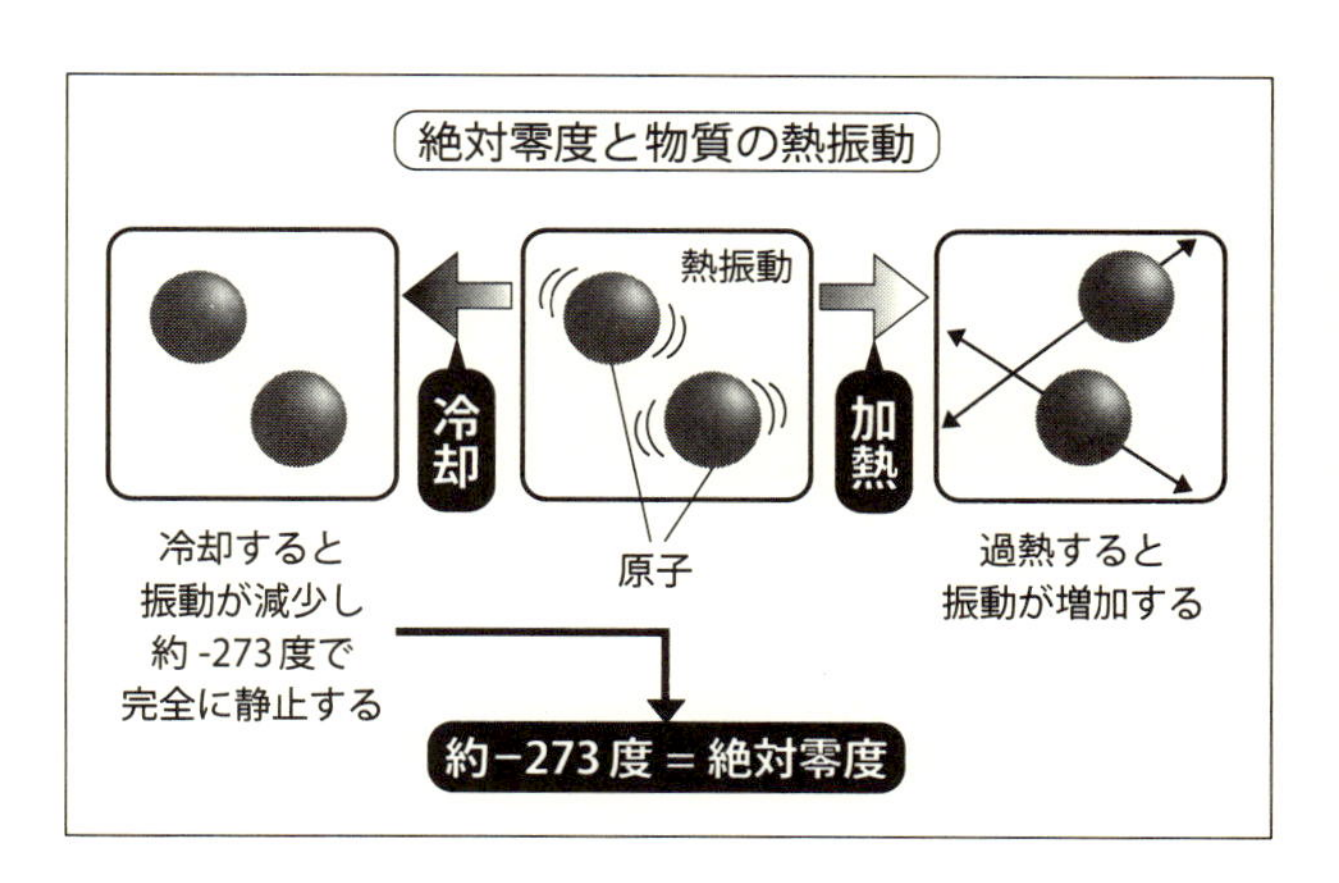

残念ながらこの宇宙には存在しない。

そして、物体は絶対零度に近づくと、通常の現象では見られないような驚きのふるまいをすることがある。

●電気抵抗がゼロになる

オネス博士は、絶対零度に近い超低温時における物質のある特性を発見した。

その特性とは、絶対零度から4・2度ほど高い約マイナス269度まで水銀を冷却すると、電気抵抗値がゼロになることである。

この電気抵抗値がゼロになることを含めた超低温時の物質の特殊なふるまいを「超伝導」、超伝導を起こす物質は「超伝導物質」と名付けられた。そして温度を臨界温度（転移温度）という。

通常の電線による送配電にはエネルギーロスがあるが、水銀を固めて送電ケーブルを作り、もし常に約マイナス269度に冷やしていれば、送配電ロスは0％になり、発電所で作った電力のすべてを利用することが可能となる。

とはいえ、約マイナス269度を作るにはお化けのように巨大な冷凍庫を使う必要があり、冷蔵庫を常に冷却するためには膨大な電気代が必要になるという大きな矛盾が存在する。

もっとも、物質によって臨界温度は異なる。そこで、超伝導の発見以来、この臨界温度がより高い物質を発見することが大きな研究テーマとなっていった。

その後、金属に他の物質を混ぜた合金による超伝導がさかんに研究され、水銀より高い臨界温度を持つ超伝導物質が発見されてきている。

例えば、ドイツの物理学者ベドノルツ博士とスイスの物理学者ミュラー博士は、臨界温度の高温化にチャレンジしてセラミック（無機物を焼き固めたもの）を用いた超伝導に成功し、多くの結果を残した。2人は、臨界温度を劇的に高温化したという業績が認められ、1987年にノーベル物理学賞を受賞している。

周囲の研究者も彼らの研究に刺激され、わずか数年の間に臨界温度が100度近くも高くなった。2015年時点で、臨界温度は大気圧下でマイナス138度となっている。しかしながら、臨界温度の高温化といっても、まだまだ人間の生活する通常の温度での超伝導物質の発見は成し遂げられていない。もしも、我々が通常生活できる温度で超伝導が可能となる常温超伝導物質が発見できれば、我々の生活に大きな恩恵をもたらすだろう。

★宙に浮く超伝導体

●磁場をゼロにすると動きが変わる

ここまでは超伝導の現象として、電気抵抗がゼロになることについてお話ししたが、これ以外にも超伝導の効果は存在する。

その代表的なものにマイスナー効果がある。これは、超伝導物質の内部の磁場がゼロ

マイスナー効果とピン止め効果によって磁石が宙に浮いて動かなくなっている様子。(©Mai-Linh Doan and licensed for reuse under Creative Commons Licence)

になる現象をいう。

このとき、周囲の磁場は超伝導物質の内部にまったく入らなくなる。そして、ある種の超伝導体の磁場を上げていき、マイスナー効果を超える強さの磁場を与えると、今度は超伝導体がピンに止められたように動かなくなる。これをピン止め効果と呼ぶ。

このマイスナー効果とピン止め効果を利用した例として有名なのが、超伝導磁気浮上である。上の写真のように、超伝導体の上に磁石を乗せると、空中で静止するのである。

★常温超伝導がもたらす恩恵

●リニアモーターカー

超伝導によって我々人類にもたらされる恩恵は、まずは先述した送配電ロスの減少であろうが、それ以外にはどのようなものがあるのだろうか？

例の一つとしては、超強力な電磁石の開発が可能となることである。電磁石はコイルに電流を流して作られる。強力な電磁石を作るには、コイルに大きな電流を流せばよい。

しかしながら、コイル内部の電気抵抗が存在するため、大きな電流を流すとコイル自身が発熱し、焼き切れてしまう。

そこで、超伝導体でコイルを作ることで、電気抵抗をゼロにするのである。その結果、大電流を流すことが可能となり、非常に強力な電磁石を作ることができる。

この強力電磁石を利用した例がリニアモーターカーである。

ご存じのように、現在日本ではリニアモーターカーの建設に向けて、急ピッチで開発が進められている。

２０１５年の時点ではルートや駅や開業時期などが検討されている段階であるが、２０２７年に東京—名古屋間を運転する計画がＪＲより発表されている。

リニアモーターカーは線路にコイルを敷き詰め、車両内部の電磁石をコントロールすることで空中に浮き、推進力を得る。飛行機のように空中に浮いているので、地面との摩擦はない。そのため、効率的に車両を加速させ、容易に高速スピードを実現することが可能となる。

そうなれば、最高時速５００キロメートルで、東京—大阪間を1時間程度で移動できる。現在の新幹線の2分の1、飛行機並の速さである。

また、従来の新幹線では、レールが摩耗するため定期的なレールのメンテナンスが必要であった。しかし、リニアモーターカーはレールそのものが存在しないために、メンテナンスが非常に容易となる。レールがないために脱線もなく、地震にも比較的強いと言われる。また、レールと車輪の摩擦がないために、騒音問題も少ない。まさに夢の技術なのである。

日本が誇るこの超伝導リニアでは、車両内に超伝導を用いた超強力な超伝導電磁石が

宙に浮き時速600キロメートル以上で走行する超伝導リニアモーターカー。（©Yosemite and licensed for reuse under Creative Commons Licence）

使われているが、残念ながら常温超伝導は実現していないために、現時点では液体ヘリウムを用いてマイナス269度に冷却することで、超伝導を実現している。

リニアモーターカーが浮上・走行するには、常に電磁石を冷却する必要があるが、先述したように、臨界温度は毎年塗り替えられており、臨界温度の高い超伝導電磁石を使うことで、使用電力は少なくなる。

●電磁力で動く船

この超伝導を船舶に応用することも考えられている。

超伝導船舶は、超伝導磁石を用いて水中に非常に強い磁場を与える。そして、磁場を与えた

超伝導船舶ヤマト1。アルミ合金製で、最大時速約15キロメートルで航行できる。（©663highland and licensed for reuse under Creative Commons Licence）

水中に電流を流すことで水を噴出させる。この噴出が船舶の推進力となる。

スクリューを必要とせず、無駄に海水をかき回さないので、効率が良い。

このような船舶は試作レベルでは開発されており、日本では1992年にヤマト1が試験航行している。

しかし、やはり肝心な超伝導部分は、低温超伝導体を冷却して用いており、完全な実用化には至っていない。


ところで、超伝導磁石で発生するような強い磁気は人体に悪影響を及ぼすと言われている。

しかし、この問題も超伝導の力を借りれば解決する。マイスナー効果を用いた磁気シールドなどができれば、磁気を遮断することが可能となり、磁気の人体への影響を最小限におさえることもできるから

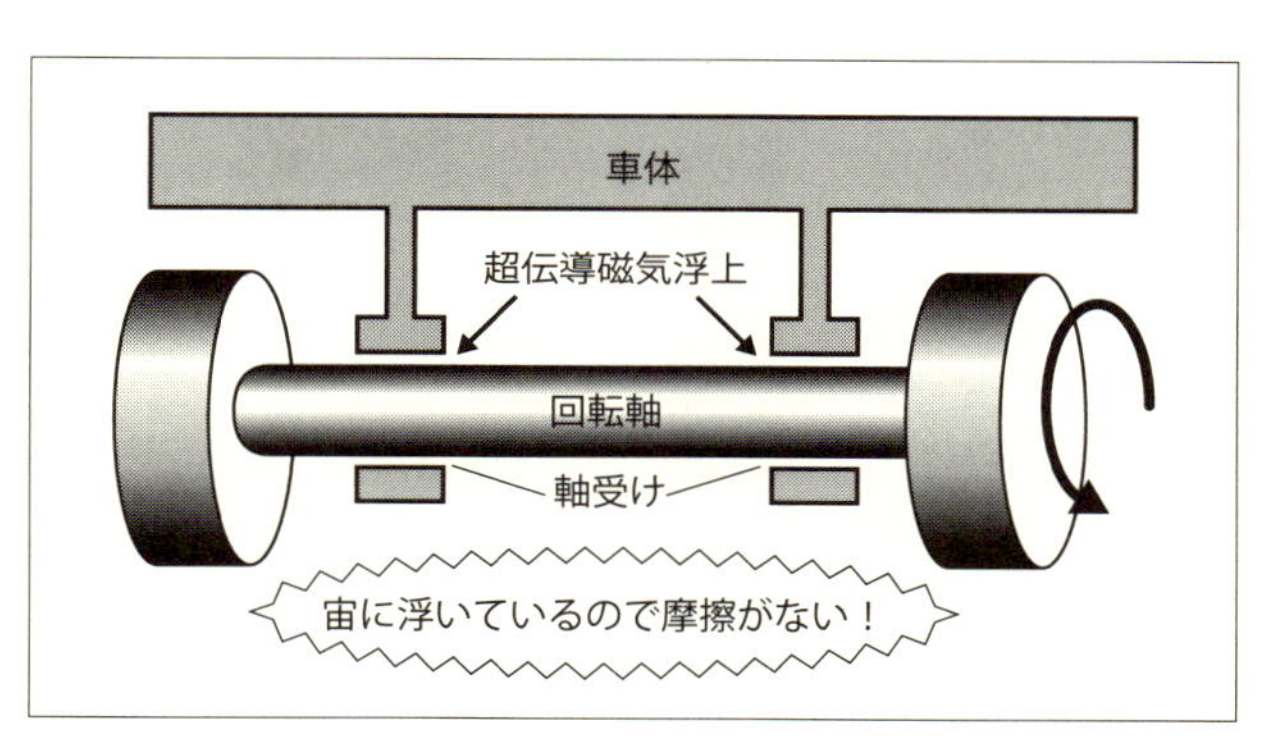

だ。

●身近な駆動系への恩恵も大きい

最後に、マイスナー効果とピン止め効果を利用した超伝導磁気浮上の応用例を紹介しよう。具体的に言えば、軸受けである。

例えば、自動車の車輪を駆動させる軸を想定しよう。説明を簡単にするために上図のように軸の両側に車輪があるとする。この時、軸の回転を支えるために存在するのが、軸受けである。

軸はこの軸受けの内部で回転運動をする。通常、このような部分は、摩擦が大きいと、回転エネルギーの伝達ロスが生じる。そこで、摩擦を減少させるために、摩擦が少ないボールベアリング（玉軸受け）などを用いることが多い。

しかし、玉軸受けといえども摩擦によるエネルギーロスが存在する。そこで、超伝導磁気浮上を用いて、軸を空中に浮かすのである。

そうすると、軸の摩擦はなくなり、エネルギーの伝達効率が格段に上がる。ゲームセンターで見かけるエアホッケーのパックのように摩擦なしでスムーズに動くのである。

また、今回紹介した事例以外にも、高効率な発電機や医療分野などへの応用にも期待されている。

★臨界温度の壁をぶち破り、ノーベル賞を目指せ！

●インパクトのある研究結果を出せ

本章で解説してきたように、常温超伝導が実現されれば、今までとは比べものにならない省エネルギー社会が実現されるだろう。

現在、超伝導そのものは確実に存在している。したがって、あとは臨界温度が室温となる超伝導物質を見つけることが必要だ。

言葉にすればたったこれだけのことであるが、『言うは易く行うは難し』である。実際の研究としては、さまざまな物質を混ぜ合わせたり反応させたりして臨界温度の変化を調べていくわけであるが、材料の調合をほんの少し変えるだけで、大きく性質を変えるものが多い。まさにサジ加減レベルの宝探しを世界中の研究者たちが行っているのである。

残念ながら常温超伝導は現在のところ確認されていない。しかし、年々、少しずつ臨界温度は塗り替えられている。

ノーベル物理学賞を受賞したベドノルツ博士とミュラー博士の成果がきっかけとなって進んだ一連のセラミック超伝導物質の研究のように、わずか数年の間に臨界温度が100度近く高くなった例もある。今後、もし、臨界温度がさらに100度上昇すれば、もう室温は目の前である。

おそらく、常温超伝導が将来的に実現する可能性は高いだろう。しかし、ノーベル賞を受賞するには、やはり一気に臨界温度を100度上げるくらいのインパクトも重要である。

毎年、少しずつ記録を更新していくのでは、インパクトに欠ける。そういう意味では、ノーベル賞実現度は星3つくらいであろうか。

常温超伝導！

これができればノーベル賞!!

10章

量子コンピュータをつくる

【ケタ違いの計算速度を持つ】

【受賞期待度】★★★★★

★進化し続けるコンピュータ

●加速度的な進化をとげる

次に取り上げるのは、量子コンピュータである。

なんとなく耳にしたことのある読者も多いであろう。量子コンピュータの世界は量子力学の分野に直結しており、分野的には素粒子分野に近い。

素粒子分野といえば、ノーベル賞受賞者が続出している分野であるため、量子コンピュータもまた、ノーベル賞への近道と言える分野のひとつである。

量子コンピュータは現在のコンピュータと何が違うのだろうか?

現代社会の我々の生活に欠くことのできないコンピュータ。近年ではIT技術の普及により、容易にネットワークに接続することが可能となり、世界で起こっているさまざまな情報がほぼリアルタイムで、誰でも簡単に入手することが可能となった。

こんな便利なコンピュータであるが、もともとは計算機である。計算する(compute)

モノであるから computer である。乱暴に言えば電卓の化け物だ。

現代ではコンピュータでできることが多様化しすぎて、少し想像しにくいかもしれないが、電卓で処理するような計算をコンピュータ内部で行うことで、動画を見ることや表計算やワープロなどができるのである。

コンピュータの歴史を簡単にひもといてみると、古くはそろばんや計算尺が用いられた。そして、冷戦時代に弾道ミサイルの軌道を素早く計算するなどの目的のため、真空管などを利用した電気式のアナログコンピュータが発明されたところから、コンピュータが大きく進化し始める。

その後、デジタル式の電子計算機（デジタル式コンピュータ）が発明され、集積回路（ＩＣやＬＳＩなど）を搭載したものが生まれた。

集積回路は日々、小型化が進んでおり、コンピュータが性能も価格も加速度的なスピードで進化しているのは、ご存じのとおりである。

最近のスマートフォンやパソコンの性能を見ると、筆者などは、「ドラえもんの漫画が連載されていた頃の夢物語が実現している」としみじみ思ってしまうのだ。

★量子という特殊な世界

●チップの大きさは原子レベルに近づく

さて、進化を続ける現在のデジタル式コンピュータであるが、コンピュータの進化を表現する有名な法則として、ムーアの法則がある。

ムーアの法則は、簡単に言えば、「コンピュータの1つのチップ上の部品数は約2年ごとに倍になる」という法則である。

チップ上には、ON－OFFを1秒間に何億回以上も繰り返す微小スイッチが何百万個も入っている。

デジタル式コンピュータはこの内部に大量にあるスイッチのON－OFFにより計算を行う。1つのチップ上の部品数は計算性能や小型化に直結していると考えてもらえばよい。そしてそのチップの性能がまさに加速度的に進んでいるというわけである。

しかし、いくら小型化が進んでいくといっても限界はある。ムーアの法則は単に経験則であるから、今後も未来永劫に小型化が進んでいくとは考えにくい。なにせチップは物質でできているわけだけから、どんどんチップが小型化するといっても、原理的には原子より小さくするのは不可能である。

しかし、チップの大きさが原子レベルまで近づいていくのは、ほぼ間違いないだろう。

ここで大きな問題が存在する。それは原子レベルの大きさでチップを作ると、量子力学の支配を受けることである。

この量子力学が本章の重要なキーワードのひとつである。

●特殊な物理法則に支配される世界

我々の生活の中にある、石ころとか自動車などの大きさのものは、ニュートン力学（古典力学）という物理法則に支配されている。基本的には中学・高校の理科で習う内容の延長だ。

これが、質量が非常に大きな天体や、運動のスピードが光に近くなったりすると、相対性理論の影響を受ける。

逆に、原子レベルの小さい世界では、今度は量子力学というきわめて特殊な物理法則に支配される。

この量子力学に支配される微小な世界では、粒子が壁をすり抜けたりする[※1]（トンネル効果）。とにかく我々の常識の通用しない、特殊な物理法則が適用される世界なのである。

さて、話をチップの小型化に戻そう。

チップを原子レベルまで小さくすると、量子力学に支配される。そうなると従来のコンピュータチップの設計法が通用しなくなる。

量子コンピュータとは、量子力学に支配される要素を用いた未完成のコンピュータの総称である。

1965年にノーベル物理学賞を受賞したアメリカの物理学者ファインマン博士は、「コンピュータ素子が原子レベルの大きさになった場合には、どのように計算するのだろうか?」と疑問を持った。そして、1985年頃には量子コンピュータに関連の基本となるアイデアを思いついていたと言われる。

またその頃に、のちにコンピュータの研究で有名になるドイチェ博士やベネット博士といった研究者たちも、ファインマン博士とは別のアプローチから、量子レベルでコンピュータを動作させることに興味を持ったという。

★従来型コンピュータの世界

●デジタル式コンピュータの特徴

量子コンピュータの前に、従来型のデジタル式コンピュータの説明をしよう。

よく知られているように、従来型のコンピュータでは数値を0と1のみで表現される2進数で取り扱う。

我々が日常生活で使用する10進数では、例えば1の位が0から1つずつ増えていき、9から10になるときに桁（けた）が繰り上がる。同様に10の位では10ずつ増えていくとき、90から100になるときに桁が繰り上がる。

これを少し詳しく書くと、例えば10進数で2015という数字は、次ページの図のよ

10進数表記で考える「2015」

$$2\times10^3+0\times10^2+1\times10^1+5\times10^0=2015$$

$10^3=1000$　$10^2=100$　$10^1=10$　$10^0=1$

2進数表記で考える「10」

$$1\times2^3+0\times2^2+1\times2^1+0\times2^0=1010$$

$2^3=8$　$2^2=4$　$2^1=2$　$2^0=1$

うになる。

一方、2進数の場合では、例えば10進数で表現するところの10は、1010となる。これも、上図のようになるからである。

また、例えばデジカメなどでも同様に0と1でデータを取り扱う。

左ページの図のように、タテ10マス×ヨコ10マスのマスの中を白と黒で塗りつぶしていくと、図中のアルファベット「A」のように絵を描くことができる。

この例ではマスを塗りつぶしているが、ひとつひとつのマスの白黒の濃淡に情報を保存しておけば、濃淡のある白黒写真のようになる。また、濃淡も2進数で表現できる。

図は白黒の濃淡を4段階に表現した例であ

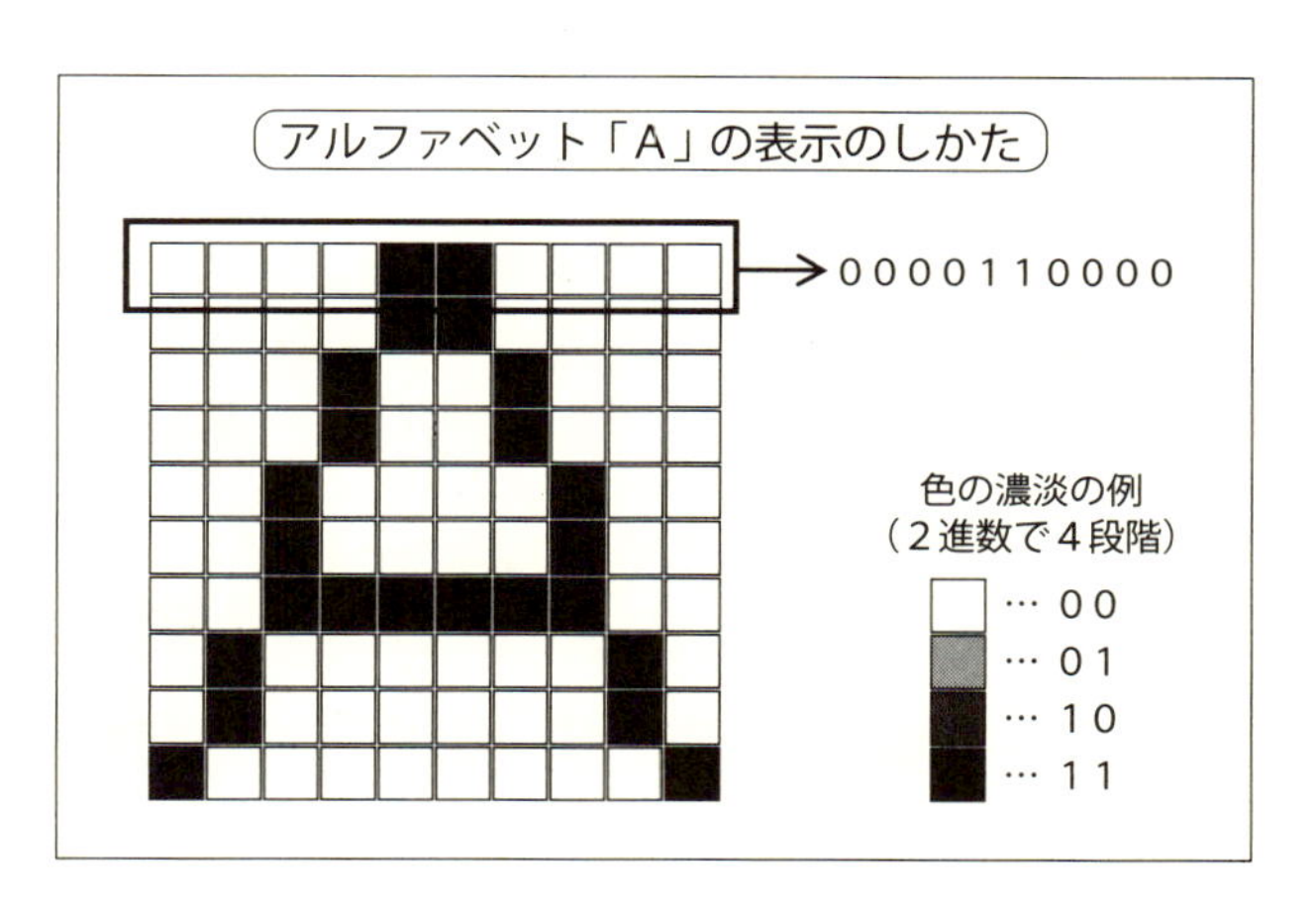

る。一番白いものから00→01→10→11と、2進数で順番に黒くなっていく。

また、カラーデータの場合は、色の三原色（赤・青・緑）のそれぞれの濃淡を0と1でデータ化しておけばよい。

ちなみに、このマスのひとつを画素という。よくデジカメで「1000万画素」などと表記があるが、画素数が多いほど細かい絵が描けるので、デジカメの性能指標のひとつとなる。

また、文字の場合では、モールス信号のように、トン（1）とツー（0）を組み合わせることで、文字の伝達や記録などが可能となる。

このように、コンピュータの世界では、0

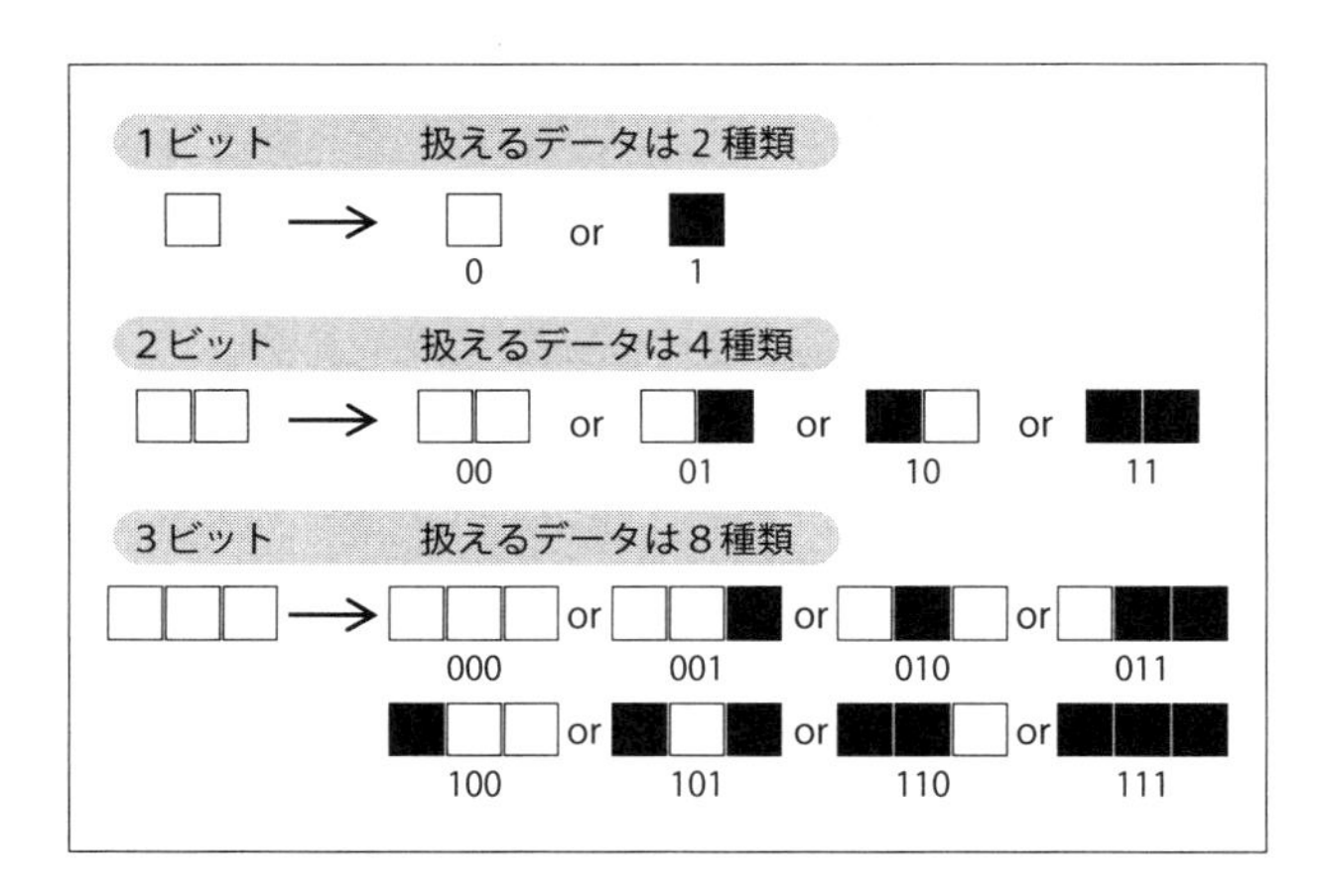

と1のみですべてのデータが表現される。

なぜ、0と1が良いのかというと、0と1はひとつのスイッチのON―OFFで表現できるからである。

ON―OFFを上手に繰り返すことで、足し算や割り算などの四則演算も行える。

先述したように、コンピュータの集積回路には小さいON―OFFスイッチが非常にたくさん搭載されており、このスイッチングで計算処理を行っている。

このような0と1の計算を行う基本的な回路を論理ゲートと呼び、論理ゲートを組み合わせることで複雑な計算をすることができる。

ひとつのスイッチのON―OFF（0か1）

で表現できるデータ量を1ビットという。

例えば1ビットで表現できるのは、0と1の2種類のデータ量である。3ビットの場合では、000〜111までの最大で8パターンのデータを取り扱える。

ムーアの法則でコンピュータがどんどん進化していっても、基本的には真空管の頃と同様に、このようなビット計算を行っているのである。

昔から今も変わらないこのタイプのコンピュータをノイマン型コンピュータという。※2

●従来型コンピュータの苦手な分野

ムーアの法則でどんどん進化していくノイマン型コンピュータ。

しかし、どんなにコンピュータが進化し、ノイマン型スーパーコンピュータとなっても苦手な計算がある。

それが、因数分解である。中学校で習うあの因数分解だ。

いま、簡単な掛け算「13×11」を考えてみよう。答えは電卓を叩けば一発である。13×11＝143だ。

確かにコンピュータはこのような計算は非常に得意である。しかし、逆に「143は何と何を掛けてできた数字か?」という問い、つまり因数分解に関しては、ノイマン型コンピュータは非常に苦手なのである。

実際、コンピュータの中でどのような計算をしているかというと、まずは143を2で割ってみる。割り切れないので、今度は3で割ってみる。またもや割り切れないので、次は4を……と、ひとつずつ割り算を行って、やっと11の時に割り切れるのである。どんなに最新型の高速コンピュータでも、残念ながらこの方法で因数分解していくしか、確実な方法がない。

今回の例では143という3桁の因数分解であったので、それでも11回程度の計算を繰り返せば計算が可能であるが、桁数が増えて10桁の数字、例えば1234567890を因数分解しろと言われたら、極端に計算量が増えるのは理解できるだろう。これがもっと桁数が増えて1000桁になったら、もはやコンピュータでもお手上げなのである。

2005年に発行された『量子コンピュータ超並列計算のからくり』(竹内繁樹著・講談社)によれば、発行当時のスーパーコンピュータでは、200桁の因数分解には約10年の計算時間がかかるという。また、1万桁の因数分解を行うには約1000億年かかるという。

2005年といえば、WindowsXPがブイブイ言わせていた時代である。今はもっとコンピュータの性能が上がっているとはいえ、計算時間の大きさが実感できると思う。

★暗号化に使われる技術

●苦手を逆手にとってセキュリティに使う

じつは、このコンピュータの大の苦手である因数分解を使った、現在の我々のIT世界に必要不可欠な技術がある。

それが暗号化技術である。

現在では、ネットバンクやネット通販などのネット取引が非常にさかんに行われている。わざわざ銀行や店舗などに出向かなくても自宅で決算できる手軽さは、非常に魅力的である。

しかし、インターネットの世界は恐ろしい。

例えばネットで買い物した際に入力したクレジットカード番号が、通信の最中にコンピュータウイルスなどを介して漏えいする可能性がある。

そこで、このような重要なデータを送る場合には暗号化を行い、途中でデータが漏洩してもデータが他人に読み取れないようにする。無事に受信者が暗号化データを受け取れば、元のデータに復元して、本当のデータを得ることが可能となる。

この暗号化に因数分解を使ったのがＲＳＡ方式という暗号化技術である。

ＲＳＡ方式では公開鍵と秘密鍵という２つのデータの鍵を用いる。

公開鍵は、誰でも知ることができる公開された鍵であり、秘密鍵は特定の人が持っている内緒の鍵である。公開鍵はデータの暗号化に用い、秘密鍵は復元時に用いる。

例えば、パソコンであるサイトにアクセスし、支払いのためにカード番号を入力し送信したとする。

この時、パソコンはサイト上で公開されている公開鍵を取得し、その公開鍵を用いてカード番号を暗号化する。暗号化されたカード番号がサイト側に届くと、サイト側は内緒で持っている秘密鍵を用いて、カード番号を復元する。※3 公開鍵のみでは、暗号化さ

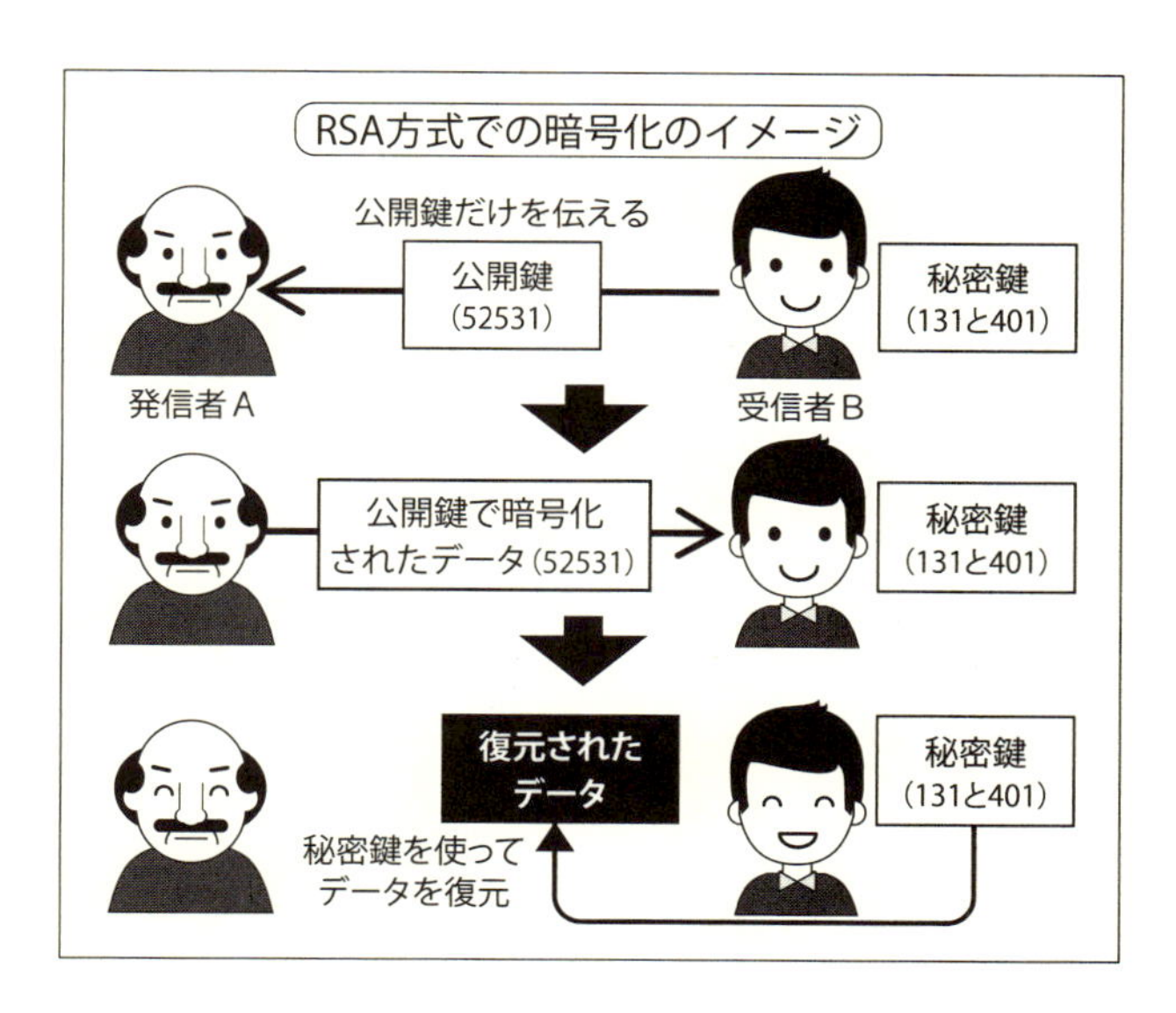

れたデータが復元できないようになっている。

この公開鍵や秘密鍵として用いるのが、先ほど紹介した因数分解なのだ。

実際のRSA方式は複雑であるが、イメージとしては次の通りである。

●暗号を安全に送る方法

いま、データの発信者Aが暗号化したデータを発信し、Bが安全にデータを受け取りたいとする。

この場合、初めに受信者Bが発信者Aに対し、事前に公開鍵を教えておく。この公開鍵は2つの大きな素数をランダムに選び、それを掛け合わせた数字だ。

例えば、ランダムに選んだ2つの素数を131と401とする。実際はもっと桁が大きいのだが、ここでは説明のために3桁で話を進める。

これを掛け合わせた52531(=131×401)を、公開鍵として、受信者Bから発信者Aに伝えるのである。

ただし、もともとの2つの素数は秘密にしておく。この2つの素数が秘密鍵である。

次に、発信者Aは公開鍵を使って、データを暗号化し送信する。受信者Bは暗号化データを受け取り、元のデータに復元する。復元には公開鍵を作成した2つの素数(131と401)が必要となる。

公開鍵を使えば、それを使って、誰でも暗号化して秘密のデータを送ることができる。しかし、この暗号文を解読するには、最初の2つの素数が必要なのである。

理論上は、公開鍵を因数分解することで、最初の2つの素数は計算可能ではある。しかし、先ほど説明したように、現在のノイマン型コンピュータでは非常に膨大な時間がかかる。桁数を増やした場合は1000億年もかかることになるため、実際には暗号を解けないと言える。

したがって、RSA方式の暗号化がセキュリティとして利用されているのである。

さて、従来のノイマン型コンピュータの苦手とする因数分解と、それを利用した暗号化技術について、「ここまで説明してきた。ずいぶん回り道したが、いよいよ量子コンピュータの話に移ろう。

★量子力学の世界で起こること

●量子の世界は確率的にしか知ることができない

原子や光の粒子（光子）のような非常に小さい世界では、我々の通常の概念が通用せず、量子力学とよばれる特殊な力学に支配されることは説明した。

量子力学において、有名な原理に不確定性原理がある。

この原理を簡単に言えば、量子レベルの非常に小さいものの状態を予想しようとすると、「その状態は確率的にしか知ることができない」というものである。

実際の状態を知るためには測定しなければならず、測定前の段階では、不確定な確率的なことしか分からない。結果を知るには、実際にやってみて観測してみるまで分からない。

例えば、左図のような半透明なガラスに光を通過させたとする。

この半透明ガラスは光の50％を通過させ、残りの50％を反射させるとする。まぁ、サングラスのようなモノだと思ってもらって差し支えない。つまり光を当てれば、半分の光を反射させ、もう半分の光を通過させるのである。

ご存じのように、光は波と粒子（光子）の2つの性質を持つ。ちなみにアインシュタイン博士がノーベル物理学賞を受賞したのはこの光子の研究が評価されたからであり、相対性理論では受賞していない。

話を戻すと、光子は素粒子であり、量子力学の不確定性原理に支配される。

ここで1粒の光子を先ほどの半透明ガラスに通過させると、どうなるだろうか？　反射するのだろうか？　通過するのだろうか？

50％は通過できるが、光子そのものは2つに分割できない。この時、ひとつの光子のふるまいは確率的にあらわされる。

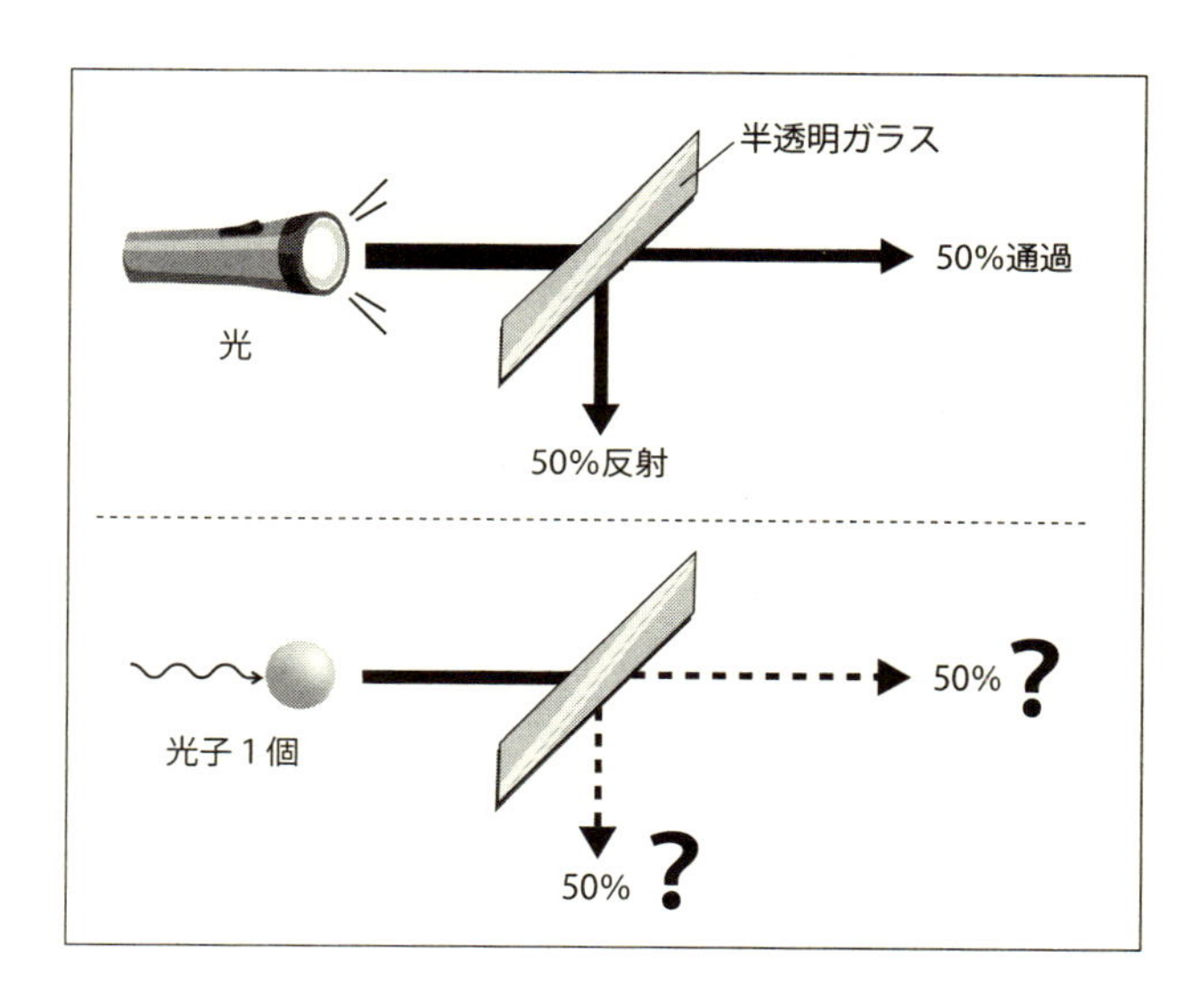

結果的に通過するかしないかは、それぞれの確率が50％で「やってみなければ分からない」ということになる。半透明ガラスを通過させる前の光子は「通過する可能性」と「ガラスに反射する可能性」をあわせ持つ、不確定な状態にある。

これに関する有名な話に「シュレーディンガーの猫」がある。

簡単に言えば、次のようなものである。

外から観測できない箱の中に猫がいるとする。箱にはあるカラクリが仕込んであり、そのカラクリは50％の確率で猫を死に至らしめる。猫が生きているか死んでいるかは箱を開けて観測してみないと分からないため、箱を開けていない状態では、生きている可能性50％と死んでいる可能性50％が混在する、という例え話である。

このような不確定性は光子のみならず、電子、原子核などの他の素粒子でも言える。量子力学は、電子や原子核レベルの非常に小さい粒子に適用されるため、研究内容が素粒子分野に直結している。そのため、ノーベル物理学賞と非常に関連が深い。

過去にはこの周辺分野の研究で多くの研究者がノーベル物理学賞を受賞しており、その中には日本人もいる。

例えば、中間子を予言した湯川秀樹博士（1949年受賞）や、量子電磁力学での業績が認められた朝永振一郎博士（1965年受賞）、トンネル効果を発見した江崎玲於奈博士（1973年受賞）などである。

●量子ビット

さて、量子力学の支配する状態では、物事の状態が不確定性原理により、観測するまではその状態が確率的にしか表すことができないことを説明した。これを踏まえ、量子

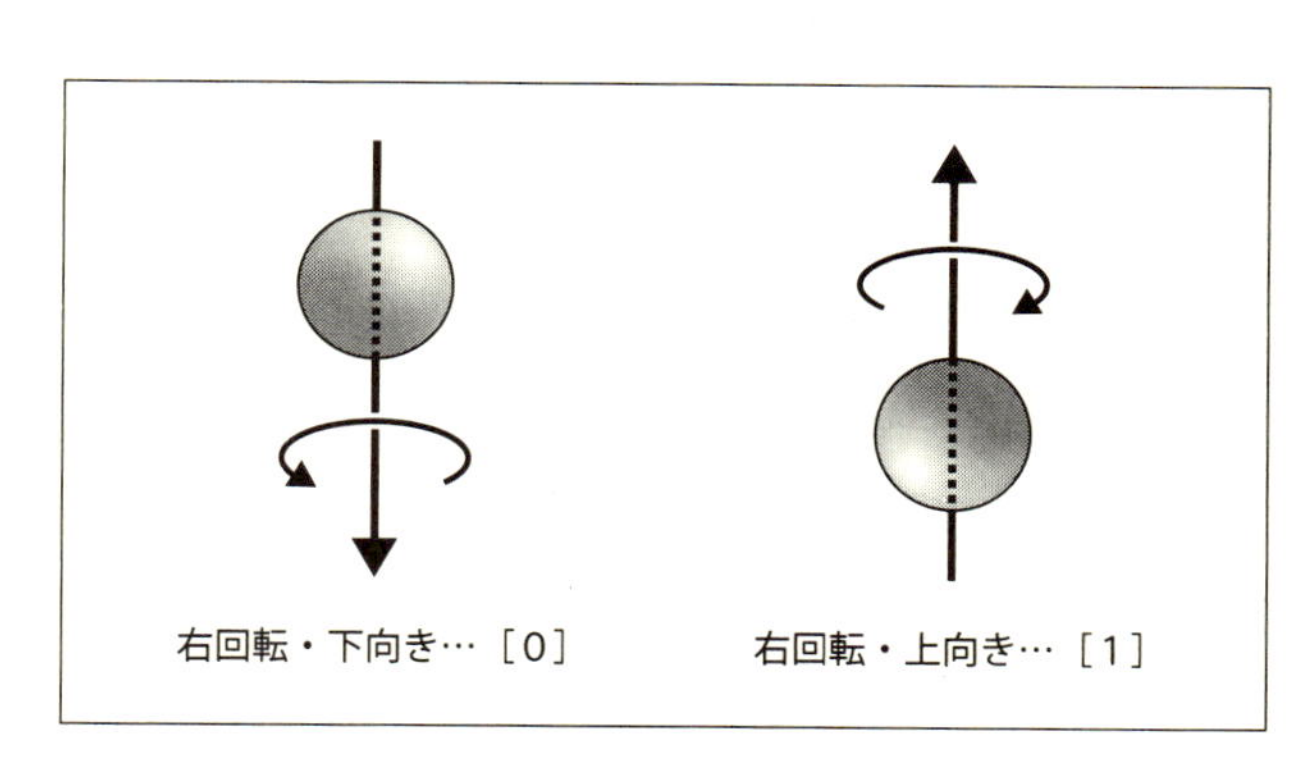

ビットについて説明しよう。

ファインマン博士が考えたように、コンピュータをどんどん小型化していくと、究極的にはON―OFFスイッチは原子レベルまで小さくなるであろう。そこで、原子でできたON―OFFスイッチを考えよう。

例えば、原子の中の原子核はコマのようにスピン（自転）している。

そこで、このスピンの回転軸の方向で0と1を表現してみよう。

右ねじの回転方向と回転軸を考え、回転軸が上向きをしている場合は1とし、下向きの場合は0とする。

もし、このような原子スピンが上向きか下向きかのどちらか一方しか取れないとすれば、これは単に

①

$$S = \alpha \times [0] + \beta \times [1]$$

α → 0となる確率　β → 1となる確率

②

$$S1 \times S2 = \alpha 1 \alpha 2[0][0] + \alpha 1 \beta 2[0][1] + \alpha 2 \beta 1[1][0] + \beta 1 \beta 2[1][1]$$

α1 → 1つ目が0となる確率　α2 → 2つ目が0となる確率　β2 → 2つ目が1となる確率　β1 → 1つ目が1となる確率

0と1のビットを究極に小さくしたスイッチと考えることができ、従来のノイマン型と同じようなコンピュータができあがる。※4

しかし、幸か不幸かこのような原子スピンは、量子が持つ不確定性により、0と1の両方の状態を確率的にとる。

いま、1つの原子核に対しスピンの状態をSとすると、その状態は確率的に上図①のようになる。

ここで、αは0となる確率、βは1となる確率であり、α＋β＝1である。これを量子ビットという。

量子ビットは通常のビットとは異なり、0か1かの情報を一度に確率的に保有するのが特徴である。

次に原子が2つあり、原子核2つ分の量子ビット（S1とS2）を考えた時、この2つの保持する情報は上の式を拡張して、②のように表すことができる。

通常の2ビットでは、4つのパターンしか表現できないが、量子ビット2つの場合は、一度で4つの状態が確率的に重なり合った情報を保有することになる。

同様にどんどん量子ビットの数を増やしていくと、一度に取れる重ね合わせの状態は爆発的に増えていく。

この量子ビットを使って、量子ビットのための計算処理ができる論理回路を作ることができれば、同時に扱える情報が従来のものに比べ格段に増加し、並列的に多くの計算を行えるようになる。

このような量子ビットを使って演算する基本的な要素は、量子ゲートとも言われる。

●どんなメリットがあるか

さて、量子ビットを使って同時に扱える情報を増やすことには、果たしてどれほどメリットがあるのであろうか？　多数のメリットが存在するが、本書では先ほどのRSA暗号化技術と絡めて話をしよう。

ここで登場するのが、ショアのアルゴリズムである。

これは１９９４年にショア博士という数学者が発表したアルゴリズムであり、彼の提案するアルゴリズムを量子コンピュータに適用することで、因数分解の計算にかかる時間が飛躍的に短くなることが分かった。

『量子コンピュータ　超並列計算のからくり』（竹内繁樹著・講談社）によると、現在の最高レベルのコンピュータを用いて1万桁の数字の因数分解をするには、１０００億年以上の時間が必要であったが、量子コンピュータが実用化され、ショアのアルゴリズムを実装すれば、計算時間は数時間に短縮できるという。

１０００億年が数時間となるのである。まさに革命的な計算スピードである。量子コンピュータが実用化されれば、もはや現在のＲＳＡ方式の暗号化技術は役に立たない。

だが安心してほしい。暗号化技術も日進月歩で進化しているから、量子コンピュータが実用化される頃には、それに対応したより協力な暗号化技術が開発されているだろう。

もちろん、量子コンピュータは、単に因数分解だけが速いわけでなく、他にもさまざまな利点を持っている。

従来のコンピュータの苦手なもののひとつに、〝巡回セールスマン問題〟がある。

これは、セールスマンが地図上の家々を、時間や交通費などのコストを最小にして効率よくすべての家を訪問するルートを検索するという問題である。もう少し噛み砕いて言えば、カーナビのルート検索のようなものである。

この手の計算も従来型のコンピュータは不得意な分野であった。これが原因かどうかは不明であるが、確かに現在のカーナビのルート検索は、どこかかゆいところに手が届かないようなルートを提案してくることが多い。

これが量子コンピュータになると、並列処理により、巡回セールスマン問題の計算時間が劇的に短くなり、最適解が求めやすくなるのである。

しかし、量子コンピュータがすべての機能において従来のコンピュータを凌駕するかといえば、そうでもなく、得手不得手はある。

例えば、通常の足し算とか掛け算の計算スピードは今とそれほど変わらないと言われる。したがって、量子コンピュータは万能ではなく、ある特定の処理に特化したコンピュータになると言われている。

★実現に近づく量子コンピュータ

●ノーベル賞に近い分野

……などと原稿を書いているうちに、Ｇｏｏｇｌｅが世界初の市販量子コンピュータ「Ｄ−Ｗａｖｅ２」を15億円で購入したというニュースが舞い込んできた。

詳細についてはさまざまな憶測が飛び交っているが、このＤ−Ｗａｖｅ２は一般的な量子ゲート式の量子コンピュータとは異なり、量子焼きなまし法と呼ばれる手法を用いており、そもそも厳密な意味で量子コンピュータであるかどうかも不明のようである。したがって、今回紹介した量子ゲート型のコンピュータはまだまだ完成していないと言える。

実際、量子コンピュータの実用化に向けては、量子ビットの状態を計測する技術や実際の量子ゲート、それを集めた量子回路を開発する必要があり、技術的な課題が多い。

しかし、量子コンピュータ実現に向けての歩みは着実に進んでいる。

２０１２年にノーベル物理学賞を受賞したアメリカの物理学者ワインランド博士とフ

ランスの物理学者アロシュ博士は、量子の計測と操作を可能にし、量子回路の実現に大きく貢献した功績によって受賞している。

量子コンピュータの研究は、量子力学や素粒子に直結していることもあり、現在、ノーベル物理学賞をとりやすいテーマのひとつであると言える。今後も量子コンピュータ関連のノーベル受賞者は増えていくだろう。

ワインランド博士は「実用的な量子コンピュータの実現にはまだまだ時間がかかる」とインタビューで答えている。それだけ実用化には課題も多いということであろうが、このことは逆に言えば、研究者にとっては大きなテーマになるということである。

量子コンピュータ周辺の研究によるノーベル賞実現度は、間違いなく星5つである。

量子コンピュータ！

これができればノーベル賞!!

【注釈】


1・「壁をすり抜ける」と書いたが、ここで意味するのはポテンシャルエネルギーの壁である。

2・厳密に言えばノイマン型コンピュータの定義はもっと細かいが、詳細については省く。

3・当然であるが、通常はパソコン内部のソフトが自動的にやってくれる。

4・このようなスピンは原子そのものや素粒子にもみられ、同様にスイッチとみなせる。

あとがき

私はサラリーマン兼ライターであるので、普段は本業の大学教員をしている。ライターの仕事は本業が終わった夜や土日に行う。前作『バットマンは飛べるが着地できない』を執筆した時も、本業の合間の空き時間を工夫して何とか書きあげた。そして、本として発売されて、私は執筆活動から解放された。しかし、しばらくして私は気付いたのだった。

「休日が暇すぎる！」

実際は、休日はそれほど暇でもない。休日出勤は日常茶飯事だし、家族サービスもある。しかし、忙しい中で時間を見つけて執筆活動を続けていたら、それに身体が慣れてしまったのである。

本を書いている時は「忙しいのに、なんでこんなことしてるんだろう?」と思うこともたまにあった。しかし、執筆した本が発売されると、今度は逆に、心にポッカリと穴が開いてしまったのである。

「書きたい！　何か書きたい‼」

執筆作業というのは、まるでガンダムのプラモデルと同じである。作っているうちが一番楽しい。そして、作品が完成してしばらくすると、次の作品を作りたくなるものなのだ。物書きは、書いてそれが発表されるまでの間が一番楽しい。

前作が発売されて一段落した２０１４年の夏、私は彩図社の編集部を訪れた。私が定期的に行っているセミナー講師の仕事のため東京に行く機会があり、挨拶がてら立ち寄ったのだった。

編集部で少し雑談をしている時、私は編集長に聞いてみた。

「何か、次の企画ないですかね？」

いくつかの企画を話し合い、その中のひとつに本書もあった。この時点では、私の中では具体的な内容など、どうでも良かった。とにかく次の執筆テーマが欲しかった。

それから一週間ほどして編集部から電話をもらい、本書の企画が通ったことを告げられた。「執筆をお願いしたいんですが、よろしいですか？」と聞かれて「楽勝ですよ！大船に乗ったつもりでいてください！」と返事をし、電話を切った。

しかしその後、冷静に考えると、どうにもアイデアが出てこない。何度も原稿を書いてみたが、自分自身でも迷走していたのがよく分かった。

そもそも、私はノーベル賞に関しては素人なのだ。私自身も研究者ではあるが、私の研究成果ではノーベル賞受賞は夢のまた夢だろう。「大船に乗ったつもりで」と言ったが、これでは泥船だ。

「これは手ごわいぞ……」

しかし、チャレンジングな企画ほど燃えてくるものである。3ヶ月もすると何となく方向性が見えてきた。

私の大学のオフィスは個室であるが、同じ学科の多くの先生が休憩時間にコーヒーを飲みに遊びに来てくれる。そこでのアドバイスや雑談が私には非常に有益であった。

特に、福岡工業大学・知能機械工学科の河村良行教授と村山理一教授、同大学・生命環境科学科の桑原順子准教授には、お忙しい中、原稿の校閲までして頂き、感謝に堪えない。その他にも、同大学・知能機械工学科の阿比留久徳教授や竹田寛志准教授をはじめ、多くの方のサポートを受け、なんとか本書を完成させることが出来た。

最後に、本書の執筆の機会を与えて頂いた彩図社の編集長ならびに編集部の皆様、関係者の皆様には、深く感謝の意を表します。

2015年9月　木野　仁

【参考文献】

[1章・ノーベル賞のもらいかた]
『知っていそうで知らないノーベル賞の話』北尾利夫著（平凡社）／『ノーベル賞と日本人』（宝島社）／『日本にノーベル賞が来る理由』伊東乾著（朝日新聞出版）／『21世紀の知を読みとくノーベル賞の科学【物理学賞編】【経済学賞編】』矢沢サイエンスオフィス（技術評論社）
[2章・宇宙の謎を解き明かす]
『ブルーバックス　インフレーション宇宙論』佐藤勝彦著（講談社）／『理科年表　平成23年』国立天文台編（丸善）／『宇宙の始まりと終わり』二間瀬敏史著（ナツメ社）／『図解雑学ビックバン』前田恵一監修（ナツメ社）／『図解雑学　宇宙論』二間瀬敏史著（ナツメ社）／『図解雑学　宇宙137億年の謎』二間瀬敏史著（ナツメ社）
[3章・地球外生命体を発見する]
『地球外生命』を探せ!』白石拓著（宝島社）／『土星の衛星タイタンに生命体がいる!「地球外生命」を探す最新研究』関根康人著（小学館）／『地球外生命―われわれは孤独か』長沼毅・井田茂著（岩波書店）／『宇宙人の探し方　地球外知的生命探査の科学とロマン』鳴沢真也著（幻冬舎）／『地球外生命　9の論点』立花隆・佐藤勝彦他著・自然科学研究機構編（講談社）
[4章・タイムマシンで未来へ行く／5章・タイムマシンで過去に戻る]
『図解雑学　タイムマシンと時空の科学』真貝寿明著（ナツメ社）／『図解雑学　タイムマシン』福江純監修（ナツメ社）／『面白いほどよくわかる　世界を動かす科学の最先端理論』大宮信光著（日本文芸社）／『図解雑学　宇宙論』二間瀬敏史著（ナツメ社）／『図解雑学　ビッグバン』前田恵一著（ナツメ社）／『図解雑学　宇宙137億年の謎（ナツメ社）二間瀬敏史著／『時間旅行者のための基礎知識』J・リチャード・ゴット著、林一訳（草思社）／『ブルーバックス　新装版　タイムマシンの話』都筑卓司著（講談社）／『マンガで読むタイムマシンの話』秋鹿さくら（マンガ）、銀杏社構成（講談社）／『感じる科学』さくら剛著（サンクチュアリ出版）
[6章・地震を予知する]
『図解雑学　地震』尾池和夫著（ナツメ社）／『地震のすべてがわかる本―発生のメカニズムから最先端の予測まで』土井恵治監修（成美堂出版）／『なぜ起こる?巨大地震のメカニズム』木村政昭監修（技術評論社）／『地震学がよくわかる』島村英紀著（彰国社）／『日本人が知りたい巨大地震の疑問50』島村英紀著（ソフトバンククリエイティブ）／『図解・

プレートテクトニクス入門』木村学・大木勇人著（講談社）／JESEA地震科学探査機構ホームページ http://www.jesea.co.jp/

[7章・人間なみのロボットをつくる]

『週刊ロビ』（ディアゴスティーニ・ジャパン）／『脳の計算理論』川人光男著（産業図書）／『地雷撲滅をめざす技術 人道的地雷探知・除去の現状』下井信浩著（森北出版）『臨時別冊数理科学 SGCライブラリ60 計算神経化学への招待』銅谷賢治著（サイエンス社）

[8章・常温で核融合を実現する]

『常温核融合 ―科学論争を起こす男たち』F・D・ピート著、青木薫訳（吉岡書店）／『常温核融合スキャンダル―迷走科学の顛末』ガリー・A・トーブス著、渡辺正訳（朝日新聞社）／『常温核融合―核エネルギーへの新たなる可能性をさぐる』岡本眞實著（日刊工業新聞社）／『常温核融合の真実―今世紀最大の科学スキャンダル』J・R・ホイジンガ著、青木薫訳（化学同人）／『常温核融合―研究者たちの苦闘と成果』水野忠彦著（工学社）／『「常温核融合」を科学する』―現象の実像と機構の解明』小島英夫著（工学社）／『常温核融合2008―凝集核融合のメカニズム』高橋亮人著（工学社）

[9章・常温で超伝導を実現する]

『超伝導ハンドブック』秋光純・福山秀敏編（朝倉書店）／『図解でウンチク 超伝導の謎を解く』村上雅人著（シーアンドアール研究所）／『高温超伝導入門』山香英三・太刀川恭治・一ノ瀬昇編（オーム社）／『結局、超電導で世の中はどうなるのか―研究現場からの発言を聞け！』増田正美著（ネスコ）／『物性科学入門シリーズ 超伝導入門』青木秀夫著（裳華房）／『ブルーバックス 応用超伝導 ―電磁推進船から超伝導自動車まで』岩田章著（講談社）／福岡大学理学部物理科学科・西田研究室ホームページ http://www.sp.fukuoka-u.ac.jp/section/solid2/nishida/mokuji.htm

[10章・量子コンピュータをつくる]

『図解雑学 量子コンピュータ』西野哲朗著（ナツメ社）、／『ブルーバックス 量子コンピュータ 超並列計算のからくり』竹内繁樹著（講談社）／『量子コンピュータとは何か』ジョージ・ジョンソン著、水谷淳訳（早川書房）／『量子コンピュータへの誘い』石井茂著（日経BP社）／『量子コンピュータ入門』宮野健次郎・古澤明著（日本評論者）／『量子コンピュータがわかる本』赤間世紀著（工学社）

※この他、一部はインターネット上の情報なども利用した。ネット上の情報は不正確な情報も若干含まれているため、その点はご理解いただきたい。

【著者紹介】木野　仁（きの　ひとし）
福岡工業大学工学部に勤務する教授。博士（工学）。専門はロボット工学。日本ロボット学会・評議員および代議員、日本機械学会ロボティクス・メカトロニクス部門 第7地区 技術委員会・委員長などを務める。著書に『バットマンは飛べるが着地できない』（小社）、『あのスーパーロボットはどう動く―スパロボで学ぶロボット制御工学』（日刊工業新聞社、共著）、『ガンオタ教授のイギリス留学漂流記』（Kindle版）などがある。
ガンダムを見て育ち、趣味が転じて大学教授を志すことになる。好きなモビルスーツはグフ、グフカスタム、イフリート改。ランバ・ラルやノリスなどおっちゃんキャラが好き。現在、ガンダム芸人としてデビューを目指し、修行中。

これができればノーベル賞

平成27年11月2日　第1刷

著　者　木野仁

発行人　山田有司

発行所　株式会社　彩図社（さいずしゃ）

〒170-0005　東京都豊島区南大塚3-24-4 MTビル
TEL:03-5985-8213
FAX:03-5985-8224

表紙イラスト　宮崎絵美子

印刷所　新灯印刷株式会社

URL：http://www.saiz.co.jp
https://twitter.com/saiz_sha

 ISBN978-4-8013-0104-7 C0142

本文に利用した一部のイラスト designed by Freepik.com